Édition : BoD · Books on Demand GmbH, In de Tarpen 42,
22848 Norderstedt (Allemagne)
Impression : Libri Plureos GmbH, Friedensallee 273,
22763 Hamburg (Allemagne)
ISBN : 978-2-3220-3595-3
Dépôt légal : Janvier 2023

A toi Yayo,
ma source d’inspiration
tout le long de ce chemin.

Message de l'auteur

Je suis très heureux que ce livre soit entre tes mains. Je désire de toutes mes forces qu'il te serve pour en savoir plus sur l'empreinte environnementale et sociétale du numérique.

Les idées de ce livre ont déjà aidé des entreprises et des particuliers à transformer leurs habitudes numériques.

J'ai écrit ce livre en même temps que je poursuivais mes recherches sur le numérique. Pendant son écriture, les mots sortaient parfois sans aucun effort, et d'autres fois, j'ai dû batailler pour aller de l'avant. C'est la volonté de te partager ce livre qui m'a permis d'en arriver au bout.

Je suis très reconnaissant de toutes les personnes qui ont été à mes côtés pendant l'écriture de ce livre.

C'est pour cela que, de tout mon cœur, je te dédie ce livre. Notre société, industrie et gouvernements ont besoin d'informations simples et compréhensibles pour prendre les bonnes décisions numériques et environnementales.

« Et ceux qui étaient vus entrain de danser, étaient considérés comme des fous par ceux qui ne pouvaient pas écouter la musique. »
Friedrich Nietzsche

« Il y a 20 ans, Internet permettait de s'évader du monde réel.
Aujourd'hui, le monde réel permet de s'évader d'Internet. »
Moutons rebelles

Avec amour, Ivan

Ce livre est adressé à un large public. Pour faciliter sa lecture, certains mots techniques sont soulignés et expliqués dans un glossaire à la fin du livre.

Des bonnes pratiques numériques sont présentées à la fin de la plupart des chapitres. Celles-ci s'adressent aux particuliers, aux entreprises et aux administrations publiques.

Ce livre est écrit avec la police Garamond. Elle réduit en moyenne de 25% la quantité encre utilisée par rapport aux polices classiques.

Sommaire

PRÉFACE

pourquoi écrire ce livre

Science sans conscience n'est que ruine de l'âme.
Rabelais

Le changement climatique bouleverse notre quotidien. Il est devenu une réalité. Or, vu sous un autre angle, le changement climatique n'est simplement qu'un appel à modifier nos habitudes de consommation, de transport, de travail et même de vie. C'est un rappel à l'ordre. Mais d'autres problématiques moins connues m'inquiètent tout autant. Il s'agit de la numérisation effrénée de notre société et industrie ainsi que de l'utilisation massive de nos données à notre insu.

La société et l'industrie sont de plus en plus numérisées. Le numérique se définit par l'ensemble des terminaux (smartphones, laptops, tablettes, téléviseurs, etc.), des réseaux de télécommunication (fibres de câbles optique et antennes) et des centres de données. Pourtant, peu de personnes sont conscientes des risques d'une mauvaise numérisation. Certes, le numérique nous a permis et permettra d'évoluer. Cependant, une mauvaise utilisation du numérique favorise aussi l'injustice, entrave l'accès à l'information fiable, endommage l'environnement, perturbe l'éducation et augmente l'addiction aux dispositifs électroniques.

injustice

Je parle d'injustice environnementale. Le numérique actuel contribue à 4% des gaz à effet de serre et consomme 10% de l'électricité mondiale. A travers ce livre, nous découvrirons comment, par le marketing des entreprises du numérique, notre société de consommation numérique ne fait qu'accélérer l'épuisement des ressources naturelles et aggraver le réchauffement climatique.

Je parle d'injustice numérique. L'utilisation massive actuelle des smartphones a permis à l'industrie numérique de nous manipuler à leur volonté soit pour nous vendre plus de produits, soit pour nous influencer dans nos idées ou pour façonner notre comportement. Et cela de façon légale puisque rien ne leur empêche. Qui nous protège face à ce type d'injustice ? Tu connais surement le proverbe qui dit "Quand le produit est gratuit, c'est toi le produit". Aujourd'hui, cela n'est plus valable, puisque même quand tu payes, tu es influencé. Aujourd'hui, le produit c'est ton comportement. Ce que les géants du numérique souhaitent c'est modifier très lentement notre comportement, nos habitudes et notre façon de réfléchir. D'autre part, les réseaux sociaux monétisent notre attention et nos habitudes. Plus nous passons du temps devant les écrans et plus ils se font de l'argent. A l'origine, les réseaux sociaux étaient apparus pour combler un manque, celui de la communication instantanée. Maintenant, ils créent ce manque consciemment.

Je parle d'injustice sociale. L'accès, ou le non-accès, au numérique a créé une fracture numérique au sein de la société. Puis, entre ceux qui en ont accès, il y a ceux qui savent et ceux qui ne savent pas s'en servir. A quoi bon numériser tous nos services si l'apprentissage de cette nouvelle technologie n'est pas assuré ?

Enfin, c'est aussi une injustice par rapport aux générations à venir : pourquoi devraient-elles payer le prix de notre mauvaise utilisation de la technologie et, ainsi, de ses conséquences climatiques ?

un manque d'accès à l'information fiable

L'impact environnemental de la numérisation est méconnu par le grand public, contrairement à la pollution plastique des océans ou à la pollution générée par les transports. Pourquoi nous n'en sommes pas conscients ? Principalement, car cela n'intéresse pas. Le *Cloud*, par exemple, est vendu comme un service immatériel et inoffensif pour la planète. Or, nous découvrirons dans ce livre comment le *Cloud* pollue autant que certaines grandes villes ! Le numérique représente l'un des secteurs industriels avec la plus grande croissance d'émissions de gaz à effet de serre !

Ce manque d'information, ou d'information fiable non manipulée à des fins commerciales, provoque que l'administration publique ne prenne pas systématiquement les bonnes décisions. Aujourd'hui, peu d'administrations possèdent dans leurs stratégies de développement durable une utilisation plus sobre et responsable du numérique. Cette opacité est aussi voulue par les lobbies des géants du numérique. Certains sont plus puissants, politiquement et économiquement, que la plupart des pays qui siègent aux Nations Unies.

Ce problème est grave. Les fakes news, ou nouvelles fausses, ont déjà influencé des élections dans plusieurs pays. On soupçonne que de nombreux pays, et partis politiques, auraient utilisé ces fakes news pour persuader leurs citoyens dans le choix de leur vote. Une mauvaise utilisation du numérique entraîne aussi des conséquences sur la santé de notre démocratie.

éducation

Le manque d'information sur le numérique se retrouve aussi dans l'éducation. Par exemple, il y a des écoles et des universités qui équipent leurs élèves avec des tablettes. Or, les risques associés sont souvent négligés. L'étude menée par Rodhain, F. en 2019 indique que 80% des usages réalisés sur la tablette sont d'ordre récréatif et distractif. L'étude, sur une base d'observation de 1'600 heures sur des étudiants en cursus dans l'enseignement supérieur, indique que pendant un cours d'une durée de 1h30, la tablette est utilisée comme suit :

- 26 minutes sur Facebook & Messenger.
- 17 minutes sur des jeux.
- 10 minutes en visionnage de vidéos ou photos.
- 8 minutes à surfer sur Internet sans lien avec le cours.
- 8 minutes pour la lecture du cours.
- 5 minutes pour la consultation de l'emploi du temps.
- 3 minutes pour la prise de notes.
- 13 minutes sans aucune utilisation.

D'autre part, le graphique suivant montre que la numérisation des cours n'a pas de relation directe avec les notes obtenues par les élèves.

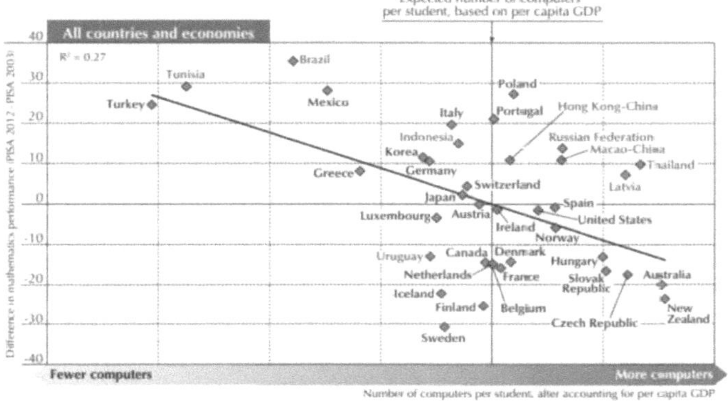

Source : OCDE, 2015

En effet, la Tunisie détient un très bon résultat. Pourtant, elle possède peu d'ordinateurs, contrairement à la Nouvelle Zélande. La Suisse garde le même score tout en augmentant le nombre d'ordinateurs dans les cours, alors que la France voit son score chuter.

L'utilisation actuelle du numérique ne serait-elle pas en train de favoriser, en partie, un apprentissage superficiel et rapide plutôt qu'un apprentissage en profondeur et pérenne ?

D'autre part, si nous sommes en état d'urgence climatique, pourquoi n'avons-nous pas encore intégré l'apprentissage de la pollution numérique dans les écoles ? Pourquoi les adolescents ne sont pas sensibilisés aux risques et aux enjeux du numérique, alors qu'ils le sont déjà pour l'alcool et les drogues ? Pourquoi les étudiants en informatique ne sont-ils pas formés à la conception écoresponsable des sites web ou de produits numériques ? Comment espérer résoudre les problèmes actuels avec les mêmes formations, outils et mentalités que ceux qui ont généré notre situation actuelle ?

addiction au numérique

Ce manque d'accès à des informations fiables et cette faille dans le système éducatif font que dans la vraie vie, nous ne sommes ni prêts ni protégés face aux dangers d'une mauvaise utilisation du numérique. L'addiction au numérique est un des fléaux actuels de la société. Aujourd'hui, certains enfants de 6 ans sont déjà suivis par des spécialistes à cause de leur addiction aux écrans. A qui la faute ? Aux parents qui les laissent trop souvent devant les écrans ? Mais, s'ils ne sont pas conscients des dangers du numérique, sont-ils réellement coupables ? Est-ce la faute du coup à l'école par manque d'éducation numérique? Comment espérer que les maîtres et les maîtresses enseignent l'éducation numérique si eux-mêmes ne sont pas formés ? Est-ce la faute alors à l'industrie ? Malgré la science utilisée pour capter et retenir notre attention pour nous vendre des produits en permanence, sont-ils totalement responsables qu'il n'y ait pas une législation plus contraignante et protectrice des citoyens ? Finalement, est-ce la faute du gouvernement ? Comment espérer maîtriser cette technologie numérique si son évolution avance plus vite que notre compréhension sur celle-ci ? Notre vrai problème en tant qu'humanité est que nous avons un cerveau préhistorique, des institutions médiévales et des technologies presque divines.

Ces différentes questions soulignent à quel point l'addiction au numérique est un sujet complexe. Il requiert à la fois des responsabilités sociétales, gouvernementales et industrielles.

opportunités

Tout un chapitre de ce livre est dédié aux opportunités amenées par le numérique. Car oui, le numérique est et sera un levier essentiel pour lutter contre le changement climatique et pour poursuivre notre évolution. Puis, paradoxalement, le numérique pourra aussi réduire les problèmes liés aux injustices, améliorer l'accès à l'information fiable, enseigner et apprendre plus facilement à l'école et réduire l'addiction aux écrans.

Ce livre a pour but de présenter le décor actuel du numérique, l'utilisation que nous en faisons, ses conséquences ainsi que des bonnes pratiques numériques à adopter pour profiter du numérique de façon bienveillante et durable sans impacter sa performance. Plus nous serons informés, plus nous serons capables de trouver des solutions à cette pollution. Après la lecture de ce livre, il ne s'agira pas d'éviter le numérique, mais plutôt de comprendre ses impacts pour mieux l'utiliser.

Bienvenue dans ce voyage numérique !

1

HOMO DIGITALIS

Le numérique n'est ni bon ni mauvais.
C'est ce que nous en faisons.

La pollution existe depuis très longtemps. Plus précisément depuis que l'être humain transforme les matières premières telles que le bois, les métaux et le charbon. Or, ce n'est qu'à partir du XIXème siècle, avec l'arrivée de la révolution industrielle, que la pollution prend vraiment une importance à grande échelle. Elle s'installe dans les grandes villes, avec l'apparition des usines, de la chimie et de l'agriculture intensive. Cette révolution technologique apporte une meilleure connaissance de la médecine, des sciences et de tout ce qui nous entoure. C'est le siècle où l'Homme repousse les barrières du possible. En même temps, c'est aussi le siècle où l'Homme s'éloigne de la Nature. La terre n'est plus travaillée avec des animaux, remplacés par des machines. Plus efficaces et plus rentables ! Puis, hors de question de laisser reposer la terre entre deux saisons. Le rendement avant tout ! Le pétrole, le gaz et le charbon deviennent rapidement les moteurs de la société. En parallèle, la chimie saute dans le wagon de l'industrialisation. C'est le début des pesticides industriels, favorisant une agriculture intensive. C'est avec une certaine crainte et stupeur que les habitants des grandes villes industrielles accueillent les premiers signes de pollution. Celle-ci s'installe rapidement sur le devant de la scène. La Nature elle, se met en retrait, spectatrice de son sort, tandis que les premières voix humaines se lèvent contre cette industrialisation.

une société qui se transforme

A présent, notre société se définit comme le prolongement de la société industrielle. L'industrialisation a été remplacée par la <u>numérisation</u>. Le <u>numérique</u>, moteur de cette transformation, représente « le feu » du XXIème siècle.[1] Les machines sont à leur tour remplacées par les ordinateurs et les robots, souvent autonomes et dépassant parfois l'intelligence humaine. Cela pose d'ailleurs des questions morales et éthiques. Dans l'industrie des technologies de l'information et de la communication, nous assistons déjà à des confrontations techniques entre l'être humain et l'<u>intelligence artificielle</u>. Pourtant, cette évolution technique n'est ni bonne ni mauvaise. Cela dépend de ce que nous en faisons. Pour certains experts, ces technologies améliorent les services et nos compétences. Pour d'autres, elles grandissent d'une façon déraisonnée, représentant une menace pour notre espèce. Ce qui est sûr, c'est que depuis l'apparition de ces technologies, nos modes de vie et de communication ont été chamboulés.

internet, le cœur des technologies

Les avancées technologiques actuelles n'auraient pas eu lieu sans <u>Internet</u>. Tout commença en 1989, quand Tim Berners-Lee et d'autres définissent la structure du <u>World Wide Web</u> (www). Internet fut d'abord un système de communication militaire américain prévenant les frappes soviétiques. Par la suite, ce système fut transféré aux universités pour permettre à deux ordinateurs de communiquer entre eux.[2] C'est le début de la technologie numérique, codée par des 0 et des 1. Internet permit d'abord de développer les technologies numériques

---

[1] Frédérique Bordage. Sobriété numérique, les clés pour agir. Buchet Chastel. 2019.
[2] Daniel Cohen. Il faut dire que les temps ont changé. Chronique (fiévreuses) d'une mutation qui inquiète. Livre de Poche. 2019.

pour ensuite les connecter entre elles.

Néanmoins, les conflits liés à l'informatique apparurent dès la fin de la deuxième guerre mondiale. Les États-Unis, après le conflit, s'opposèrent au développement d'une industrie informatique en Europe. Ils considéraient que l'accès aux ordinateurs faciliterai aux européens l'accès à la bombe nucléaire. La France, en désaccord, se rebella et fabriqua ses propres ordinateurs (C2I), la rendant pionnière dans l'industrie informatique. Louis Pouzin, ingénieur français en informatique, contribua au début des années 1970 à la création et au développement du réseau Cyclades, précurseur d'Internet. En 2013, il fut récompensé par la reine d'Angleterre avec le prix *Queen Elizabeth Prize for Engineering* par sa contribution majeure à la création et au développement d'Internet et du World Wide Web. Un autre exemple d'essor informatique français fut le Minitel, un des premiers ordinateurs fabriqués entièrement en France. Certains affirment que Steve Jobs s'en inspira pour créer le Macintosh.

une dépendance technologique

Notre société est clairement dépendante de la technologie. En sommes-nous conscients ? Plus précisément, que savons-nous réellement de la numérisation actuelle de notre société ? A vrai dire, il est très difficile de se faire une idée propre. Nous sommes en permanence bombardés de publicités sur les bienfaits de la numérisation. Nous avons l'impression que toute notre activité numérique se fait de façon virtuelle, immatérielle et sans aucun impact environnemental ni sociétal. Or, ce n'est pas vrai. Les mots des nouvelles technologies sont trompeurs : ils évoquent l'immatériel comme le mot « virtuel » ou l'éthéré comme le mot « *Cloud* ». Ils nous font oublier très vite les millions d'ordinateurs et de smartphones, les milliers de centres de données et les millions de kilomètres de câbles utilisés pour traiter et acheminer ne serait-ce qu'un simple email. Derrière l'apparence dématérialisée du *Cloud*, se cache une réalité bien physique.

On nous invite souvent à dématérialiser nos documents, nos photos et notre musique dans le *Cloud*. Or, pour le dire franchement, ce n'est pas de la dématérialisation. Nous passons d'un stockage physique à un stockage numérique dans les ordinateurs. Le bilan environnemental des octets (0 et 1) est rarement meilleur que celui du papier. Puis, outre le stockage dans le *Cloud*, nos habitudes numériques se sont multipliées. Avons-nous eu toujours besoin d'autant de technologie ? En 1969, l'Homme se posa sur la Lune avec seulement 70 Ko de données, environ la taille moyenne d'un email.[1] Aujourd'hui, en moyenne, un utilisateur français consomme 4'000 Go de données par an. Cela s'explique par nos habitudes numériques. En 2021, en une seule minute, on comptabilisait 500 heures de vidéos publiées sur YouTube, 69 millions de messages envoyés à travers WhatsApp et Facebook Messenger, 695 000 stories partagées sur Instagram et 197 millions d'emails envoyés. Toute une vie ne suffirait pas à regarder les vidéos ajoutées sur YouTube en un jour. Lors de la dernière décennie, le trafic Internet n'a fait que doubler tous les 18 mois. Dans quelle mesure la consommation de toutes ces données numériques favorise le développement de notre société et impacte le climat?

l'infobésité

L'infobésité se caractérise par l'excès de contenu, de mise en page et de lignes de code dans un site web ou dans un service ou produit numérique. Il s'agit de données numériques utilisées dans un but esthétique et non pas fonctionnel. Entre 1995 et 2015, le poids moyen des pages web a été multiplié par 115.

Entre 2010 et 2018, le poids des données transportées a quadruplé (x4), passant de 0,5 à 2 milliards de téraoctets par an. Et le nombre de serveurs conservant ces données a presque doublé, passant de 35 millions à 61 millions.[1]

L'infobésité se retrouve aussi dans le développement des nouvelles applications pour entreprises. 25% des applications et des logiciels conçus ou achetés par les entreprises ne sont jamais utilisés et 5,8% est le budget alloué dans les entreprises à des applications sous-utilisées. En Europe, cela représente un gâchis de 16,5 milliards de francs suisses (15,4 millions d'euros).[3]

Enfin, l'infobésité des logiciels s'explique aussi par l'augmentation incontrôlée de leur nombre de lignes de code. A titre d'exemple, la version Mac OS X Tiger possède 82 millions de lignes de code et Microsoft Office 2013 en possède 42 millions. Il s'agit de plusieurs fois le nombre de lignes de code pour faire voler un avion commercial Boeing.[4] A chaque mise à jour de ces logiciels, des lignes de code supplémentaires sont rajoutées aux versions précédentes.

un impact social

Le numérique n'est ni bon ni mauvais, c'est ce que nous en en faisons qui le détermine. Néanmoins, l'arrivée des nouvelles technologies a eu un impact sur notre société et sur notre santé.

Pour la partie psychologique, avec l'arrivée des nouvelles technologies, l'être humain ne s'est jamais autant affiché aux autres et en même temps il n'a jamais autant usé de masques. C'est un <u>alter-ego</u> numérique, un soi numérique. Les individus

---

[3] Institut du Numérique Responsable France. MOOC Numérique responsable. 2020.
[4] Julien Lausson. Infographie : qui de Facebook et de Boeing 787 a le plus de lignes de code ? Numérama. 29 octobre 2013.

passent souvent plus de temps à médiatiser un moment qu'à le vivre. Les réseaux sociaux contribuent à vivre plusieurs vies à la fois.[2] De ce fait, nous devenons addictes à cette technologie.

D'un autre côté, la technologie numérique a amené la paresse. Tout est accessible tout le temps. Plus besoin d'utiliser notre mémoire, notre sens de l'orientation ou notre logique. Les applications mobiles le font à notre place.[1] La technologie actuelle favorise un caractère pulsionnel. L'instantané prime sur l'effort et la réflexion.

Notre façon de travailler a aussi été bouleversé par les nouvelles technologies. Celles-ci favorisent le multitâche. La politique du « juste à temps », importée du Japon, devient à la mode. Le numérique a permis aux entreprises de tuer le temps mort, d'intensifier le travail et d'augmenter les gains de productivité.[2] Cela entraîne plus de stress chez les employés, aussi bien au travail qu'à la maison.

un impact sur la santé

Pour la première fois, le quotient intellectuel (QI) moyen et l'espérance de vie diminuent. La mauvaise utilisation de ces technologies ainsi que la manipulation psychologique conçue par une partie des acteurs du numérique aggravent le problème. En effet, de nombreuses applications mobiles sont développées pour capter toute l'attention de notre cerveau. Les applications se basent sur un système de récompense. Recevoir un *like* sur les réseaux sociaux ou débloquer un niveau dans un jeu entraîne automatiquement la libération dans notre organisme de la dopamine, la molécule du plaisir. Les réseaux sociaux ont compris l'intérêt de capter notre attention le plus longtemps possible. Pour cela, ils développent leurs applications en utilisant les dernières connaissances en neuroscience. Ils écrivent les <u>algorithmes</u> de façon à capter notre attention face à n'importe quel imprévu et à n'importe quel endroit. Par exemple, savais-tu que Facebook possède environ 61 millions de lignes de code informatique, soit presque 2,5 fois de plus que l'avion de chasse F-35 Fighter Jet (24 millions) ?[4] Ou que dès ta première visite sur YouTube, au bout de cinq vidéos, YouTube doit pouvoir t'afficher une sixième vidéo répondant à tes attentes ? Comprends-tu maintenant pourquoi le numérique est si addictif ? Ce sont tous ces algorithmes qui libèrent de la dopamine dans notre organisme. Nous sommes devenus dépendants et prisonniers des 0 et des 1. Cela ressemble étrangement à Matrix… Étaient-ils des visionnaires ?

Nous vivons dans une société de fast-food non seulement alimentaire mais aussi numérique. Les réseaux sociaux sont devenus le fast-food de la pensée. Ils orientent vers une massification de la pensée au détriment du raisonnement individuel et ont réussi à tous nous énerver sur les mêmes problèmes. Comme indique le proverbe populaire : « Nous sommes ce que nous mangeons ». Pourrions-nous l'extrapoler et affirmer que « Nous sommes ce que nous regardons » ?

les symptômes de l'addiction au numérique

Aujourd'hui, la dépendance aux nouvelles technologies pourrait être comparée à celle de la drogue ou de l'alcool. En moyenne, nous passons 14 heures par jour devant des écrans.[5] Parmi les syndromes de dépendance numérique les plus connus, il y a la *Nomophobie* et le *FOMO*. Le premier est la phobie de ne pas avoir son portable sur soi (*No Mobile Phone Phobia*). Le deuxième est la peur de rater un évènement ou un message important (*Fear of Missing Out*). C'est la peur de la

---

[5] Verdamano. La pollution numérique, on en parle ? 2015. https://verdamano.com/la-pollution-numérique-on-en-parle/

déconnexion et de l'isolement social numérique. As-tu déjà eu l'impression que ton smartphone vibrait, et en le consultant, tu t'aperçois que tu n'as rien reçu ? Cela peut être un premier signe de dépendance numérique. 85% utilise le smartphone en compagnie de proches et 41% le regarde au milieu de la nuit.[1] Enfin, chez les jeunes, cette addiction cause des troubles de santé. Nombreux d'entre eux souffrent du syndrome *Snapchat dysmorphia*. A force d'utiliser des filtres sur leurs photos les rendant plus beaux, plus bronzés ou plus forts, ils et elles complexent sur leur physique jusqu'au point de ne plus accepter leur vraie physique. La réalité virtuelle l'emporte sur la réalité physique. L'alter-ego numérique est venu pour rester.

Notre addiction au smartphone et à Internet est irréfutable. Nous ne pouvons plus nous en passer. Et beaucoup de fabricants du numérique ne facilitent pas cette déconnexion. Un exemple est la conception des box Internet. As-tu déjà remarqué que certaines de ces box ne possède pas de bouton d'arrêt et fonctionne jour et nuit ? La raison ? En moyenne, il faut une minute et demie pour mettre en marche une box éteinte. Ce temps est jugé trop important par l'utilisateur, qui préfère la laisser allumée en permanence. Françoise Berthoud, ingénieure au CNRS, conclut que ces nouvelles technologies nous ont rendus trop impatients.

les nouvelles générations

L'*Homo digitalis* apparait dans les années 80. Deux générations, la Y et la Z, sont les premières à en faire partie. La génération Y regroupe ceux et celles nés entre les années 1980 et début 1990. On les appelle aussi les *digital natives*. La génération Z regroupe ceux et celles nés après 1995. La première différence entre ces deux générations est que la génération Y était optimiste en manifestant une certaine confiance envers eux-mêmes. Puis, avec l'arrivée de la crise économique en 2008, la génération Z est devenue plus inquiète. Ils ont plus de difficultés à s'exprimer en public. Ils sont inquiets pour leurs études. Ils s'intéressent davantage aux valeurs extrinsèques que sont la réussite et l'argent qu'aux valeurs intrinsèques.[2]

Les réseaux sociaux, contrairement à leur nom, ont contribué à isoler et à désocialiser les nouvelles générations. Ils deviennent une alternative aux rencontres en chair et en os. Conséquence : les rencontres physiques ont diminué de 50% depuis l'arrivée des réseaux sociaux.[2]

des constats alarmants

D'autre part, la biodiversité s'écroule actuellement à un rythme de cent à mille fois supérieur à son rythme naturel. Nos habitudes numériques contribuent en partie à cette hécatombe. En 2015, en Suisse, le secteur des technologies de l'information aurait généré 2,55 mégatonnes de CO_2, incluant la pollution produite à l'étranger par la fabrication du matériel, contre une réduction de 1,1 mégatonnes de CO_2 lié à l'efficience du numérique.[6] En 2016, la publicité en ligne avait émis 60 mégatonnes de CO_2.[7]

Sommes-nous conscients de cette réalité ? Avons-nous mis en place des actions pour remédier rapidement à cette pollution numérique ? Peut-être mais elles semblent insuffisantes et inconnues du grand public. A titre d'exemple, il y a quelques décennies, le recyclage fut une réponse au problème avec le plastique. Le recyclage serait-il une solution à la pollution numérique ?

---

[6] Magazine Bilan. L'économie digitale est-elle vraiment verte ? n°09. 2020.
[7] Article de presse de La Libération. 24 juin 2020.

Pour répondre à cette question, analysons de plus près l'origine du recyclage des déchets plastiques. C'est aux États-Unis que ce recyclage prit naissance. A qui revient cette brillante idée ? A des scientifiques d'une prestigieuse université ? Non, ce fut l'industrie du plastique elle-même qui proposa le recyclage de ses produits. Mais pour quelle raison ? En fait, lorsque la société américaine fut consciente de l'impact négatif du plastique sur l'environnement, la vente de produits plastiques dégringola. Pour y remédier, l'industrie plastique se mit à collaborer avec le gouvernement américain pour promouvoir le recyclage du plastique au sein de la population. Cela permit aussi de racheter leur image auprès du grand public. Ce recyclage prenait en compte la nature chimique du plastique (PET, PP, LEPD, etc.). Les Américains, persuadés de l'impact positif du recyclage, achetèrent à nouveau des produits plastiques. Sauf que… parmi toute la liste de plastiques « recyclables », seulement quelques-uns le sont vraiment. Que fait-on alors des autres types de plastiques non recyclables ? Très simple. Une grande partie sont mis dans un bateau, direction le Sud-Est de l'Asie ou l'Afrique pour être déchargés et brûlés dans des décharges illégales.[8]

Cet exemple illustre que c'est la pression de la société, et non pas la volonté de l'industrie, qui a forcé les entreprises du plastique à changer leur mode de fabrication, de marketing et de recyclage. Malheureusement, aujourd'hui il n'existe pas encore cette pression sociale qui pousserait l'industrie du numérique à changer leurs modèles économiques. Et si on s'y mettait tous ensemble dès aujourd'hui ?

Enfin, nous sommes devenus plus exigeants avec les produits que nous achetons. Nous sommes conscients que notre mode de vie n'est plus en accord avec l'environnement. Certaines de nos habitudes ont un impact négatif de plus en

---

[8] Netflix. Série Rotten, épisode Eaux troubles. 2019.

plus important sur l'écosystème. D'un côté, nous sommes déjà conscients des impacts de nos régimes alimentaires et de nos moyens de transport. Mais, pourquoi n'avons-nous pas encore l'impression de polluer quand nous remplaçons notre smartphone, lorsque nous surfons sur le Net ou lorsque nous regardons une vidéo en ligne ? Malgré le grand impact environnemental du numérique, celui-ci reste peu connu.

On parle de pollution numérique.

2

LA POLLUTION NUMÉRIQUE

Le Cloud est bien un nuage, mais un nuage de CO_2.
Ivan Mariblanca Flinch

La pollution numérique est la pollution générée par la fabrication, l'utilisation et la fin de vie des équipements numériques. Depuis quand existe-t-elle et comment est-elle apparue ?

son origine

L'origine de la pollution numérique débute avec la généralisation de l'accès à Internet. Pour bien comprendre son origine, revenons aux années 2000. A ce moment, Internet est à la mode. Les premiers smartphones apparaissent. La société navigue sur la Toile et discute sur MSN. Puis les années 2010 arrivent. Les smartphones deviennent indispensables. Les jeux vidéo en ligne se développent rapidement. Les achats en ligne se popularisent. C'est aussi l'explosion des réseaux sociaux. Qui ne dispose pas d'un compte Instagram pour publier ses photos de vacances ? Ou WhatsApp pour parler avec ses amis ? Qui n'a pas regardé une série sur Netflix ? Ne me dis pas que tu n'as jamais vu le clip de Gagnam Style sur YouTube (« eeeh sexy lady, hop hop !! ») … Le numérique c'est aussi, entre autres, le GPS, la télévision connectée, les montres connectées, les frigos connectés, les aspirateurs connectés, la 3G, la 4G, la 5G et les voitures autonomes. Le numérique englobe l'ensemble des équipements électroniques, des serveurs conservant nos données et de l'infrastructure réseau nous donnant accès à

Internet.

Ce sont la fabrication, l'utilisation et la fin de vie (recyclage ou destruction) de ces appareils qui nourrissent la pollution numérique. Ces trois étapes constituent le cycle de vie d'un équipement électronique. Mais pourquoi s'intéresser autant à cette technologie numérique ? Représente-t-elle un danger ? Devons-nous tout jeter à la poubelle et revenir vivre comme au XIXème siècle ? Non. Néanmoins, comprenons que l'utilisation actuelle du numérique implique un impact environnemental, économique et social très important.

un numérique tout sauf immatériel

Contrairement à nos croyances, le numérique n'est pas immatériel, bien au contraire. En 2019, le numérique était constitué de 34 milliards d'équipements pour 4,1 milliards d'utilisateurs. Il se compose entre autres d'ordinateurs, d'écrans, de smartphones, de millions de kilomètres de câbles de <u>fibre optique</u>, de milliers de centres de données et des milliards de chargeurs de téléphones.[9]

les indicateurs d'impact environnemental

Il existe quatre indicateurs principaux pour mesurer l'impact environnemental du numérique :

- la consommation d'eau. En 2019, le numérique a consommé 0,2% de l'eau mondiale. C'est l'équivalent de 3,6 milliards de douches.

---

[9] Frédérique Bordage. Empreinte environnementale du numérique. Green IT. 2019.

- la consommation d'<u>énergie primaire</u>. Pour produire de l'électricité, il faut souvent utiliser des énergies fossiles. En 2018, le numérique consomma 10% de l'électricité mondiale, soit l'équivalent de 82 millions de radiateurs électriques de 1000 Watts allumés en permanence.[10]

- l'épuisement de ressources naturelles non renouvelables (<u>abiotiques</u>). Cet épuisement est principalement causé par notre suréquipement numérique. En 2021, l'Europe occidentale disposait de 8,9 équipements numériques par personne contre 5,3 en 2016. Actuellement, 88% des Français changent leur smartphone alors que l'ancien fonctionne encore.[5]

- les émissions de gaz à effet de serre, comme le CO_2e. En 2019, le numérique contribua à 4% des émissions mondiales de gaz à effet de serre. C'est autant que tout le transport aérien ou l'équivalent de 116 millions de tours du monde en voiture (1 tour du monde = 42 000 kms).[9]

Commençons par comprendre et analyser comment le cycle de vie des appareils numériques représente un tel impact environnemental.

---

[10] ADEME. La face cachée du numérique.2019.

3

LA FABRICATION DES ÉQUIPEMENTS

*70% de l'empreinte environnementale
d'un équipement provient de sa fabrication.*

Le cycle de vie d'un équipement électronique se compose de trois étapes : sa fabrication, son utilisation et sa fin de vie. Intéressons-nous d'abord à sa fabrication. C'est l'étape avec l'impact le plus important.[11] Selon l'équipement électronique, elle représente entre 70% et 90% des gaz à effet de serre dans tout son cycle de vie.

la fabrication

La fabrication des équipements électroniques mobilise d'énormes capacités techniques, de grandes quantités de matières premières et génère beaucoup de déchets à traiter. L'énergie fossile est très présente lors de la fabrication. En effet, l'extraction et la transformation des <u>minerais</u> en composants électroniques requièrent l'utilisation d'énergie fossile. Ces deux opérations sont les plus polluantes dans le cycle de vie d'un appareil électronique.[1]

les pays les plus pollueurs

La plupart des équipements sont fabriqués dans les pays où les normes environnementales sont, pour être politiquement correct, très souples. La Chine est l'un des principaux pays fabricants d'équipements électroniques. Elle est aussi considérée comme l'un des pays le plus pollueurs. Mais est-ce à cause de leur mode de vie ? Pas forcément. Les classements internationaux prennent uniquement en compte la pollution générée dans les pays produisant l'équipement. Ainsi, la Chine se retrouve sur le papier avec une grande quantité de CO_2 émis, alors qu'une partie devrait être attribuée aux pays vendant et utilisant l'équipement. En appliquant ces règles, le classement des pays les plus pollueurs serait différent.

le MIPS

Au vu de l'impact provenant de la fabrication des appareils électroniques, une unité de mesure est utilisée pour quantifier la quantité de ressources utilisées lors de la fabrication. Cette unité est le MIPS (*Material Input Per unit per Service*). Le MIPS d'un smartphone est d'environ 1100, car 183 kg de matières premières sont utilisés pour obtenir 180g de produit fini. Soit 1100 fois plus de matières premières que de produit fini. Le MIPS d'un téléviseur varie de 200 à 1000 en fonction de sa technologie. Pour un ordinateur portable, il est de 350 (850 kg de matières premières pour 2,5 kg de produit fini). Retenons que le MIPS du numérique est le plus élevé de toutes les industries.[1]

Cette cadence et ces conditions de fabrication ne sont plus soutenables. A cette allure, une partie des matières premières servant à fabriquer les équipements numériques sera épuisée ou ne sera plus rentable dans une ou deux générations.

le rôle de l'énergie

L'énergie est un élément essentiel lors la fabrication des équipements. Sans pétrole ou sans gaz, les machines d'extraction de minerais ne fonctionnent pas.

L'énergie est obtenue grâce à l'exploitation des ressources naturelles. Combien de CO_2e rejetons-nous pour produire 1 kWh d'énergie ?

Voici la réponse[11] :

Type de ressource	Facteurs d'émissions par énergie primaire (gCO_2e/kWh)
Hydraulique	7,4
Nucléaire	7,7
Eolienne	17,2
Géothermie	32,4
Photovoltaïque	81,6
Biogaz	240,6
Gaz naturel	585,4
Pétrole	730,7
Charbon	1093,0

Nous comprenons maintenant l'importance de privilégier au maximum les usages et les services numériques alimentés par des énergies peu carbonées. En général, une entreprise située aux États-Unis (utilisant du pétrole, du gaz ou du charbon) n'aura pas le même impact CO_2 qu'une entreprise située en Suisse ou en France (hydraulique ou nucléaire).

---

[11] Service de l'Énergie de Neuchâtel, Suisse. 2020.

l'efficacité énergétique

Pour compenser cet énorme impact environnemental, certains fabricants se tournent vers l'efficacité énergétique comme solution. L'efficacité énergétique est la capacité d'un appareil à consommer le moins d'énergie possible pendant son étape d'utilisation.

Mais attention ! N'oublions pas qu'en moyenne, 70% de la pollution d'un équipement est généré lors de sa fabrication.[12] Pour limiter les impacts environnementaux, il faut concentrer les efforts sur l'étape de fabrication, et donc lors de l'achat pour nous, plutôt que sur l'étape de l'utilisation de l'appareil. Cela implique changer notre modèle économique actuel.

les terres rares

Les <u>terres rares</u> sont présentes dans la plupart des équipements électroniques. Dans un ordinateur, il y a 4,5 grammes de terres rares. Dans une voiture, ce sont 3 kg. Dans une éolienne, c'est une tonne.[1] Leur appellation ne veut pas dire qu'il y en a peu, mais qu'elles sont faiblement concentrées dans la roche. Il faut raffiner une très grande masse de terre pour extraire de toutes petites quantités de ces minerais. Par exemple, il faut traiter une tonne de minerais pour en extraire 1 à 5 grammes d'or. En plus, les terres rares sont mélangées naturellement à d'autres minéraux. Leur séparation est difficile et onéreuse.[1]

La Chine est le premier pays extracteur de terres rares. Depuis quelques années, elle limite l'exportation de ses minerais, obligeant les entreprises à fabriquer les appareils en Chine. D'autre part, l'extraction de terres rares ne respecte

---

[12] Cleanfox.io. Facebook fait un grand pas pour la planète et s'attaque à la pollution numérique. 2020.

parfois pas les droits de l'Homme car elle emploie des enfants. Apple a reconnu en 2011 que 40% de ses sous-traitants employaient des enfants. Ce n'est pas mieux chez ses concurrents.[1] Enfin, les terres rares sont nécessaires au bon fonctionnement de certains composants électroniques. Par exemple, l'indium, combiné avec 13 autres métaux, assure la bonne qualité des écrans tactiles.[8]

l'impact environnemental

La Chine est le plus grand fabricant d'appareils électroniques au monde. Quelle énergie utilise-t-elle pour alimenter son industrie électronique ? L'énergie fossile, avec principalement le charbon et le pétrole.[8]

D'autre part, les terres rares sont difficiles à recycler. Moins de 1% est recyclé. Comment expliquer ce faible pourcentage ? D'après Romuald Priol : « Les terres rares sont moins chères à produire qu'à recycler ». [8]

Si rien n'est fait à ce sujet, les impacts environnementaux du numérique continueront de croître. Le nombre et la quantité de métaux utilisés dans les composants électroniques ne cesse d'augmenter à mesure que les appareils se miniaturisent et deviennent plus performants. « Nos smartphones contiennent une quarantaine de métaux et de terres rares, contre une vingtaine à peine il y a dix ans », indique Françoise Berthoud. Les moyens techniques pour extraire ces terres rares sont parfois dignes d'un film d'Hollywood. Certaines compagnies minières font sauter des parties de montagne avec des explosifs pour récupérer ces métaux. C'est plus simple, rapide et moins couteux que les mines classiques. 1, 2, 3 et hop, plus de montagne. Suivante !

l'impact humain

Alizée Colin explique dans son article, paru le 5 juin 2021 sur le blog de Le Bon Digital, l'impact humain causé par la fabrication et la conception des équipements électroniques. Cet impact s'explique en partie par la volonté des fabricants de réduire au maximum le coût de fabrication des équipements, entraînant des conditions de travail inhumaines, bien loin des magasins où sont achetés ces produits.

Tout commence dans les mines, lors de l'extraction des terres rares. Celles-ci sont nécessaires à la fabrication des appareils électroniques. Par exemple, la République Démocratique du Congo possède plus de 50% des réserves mondiales de Coltan (terre rare). Selon Amnesty International, en 2016 ces mines employaient 40 000 enfants. Pour récolter les terres rares, les puits des mines descendent jusqu'à 40 mètres sous le sol. La température moyenne dans les tunnels est de 40°C. Les conditions de sécurité dans ces tunnels sont plus que douteuses. D'après Inès Leonarduzzi, dans son livre Réparer le futur, « Selon l'Unicef, au moins dix enfants trouvent la mort sous un éboulement chaque mois. Et lorsqu'une mine s'effondre, on abandonne les corps. Pas question de prendre du retard. […] Show must go on ». L'extraction du Coltan finance des groupes armés et a déjà provoqué plus de 6 millions de morts.[1]

Une fois que ces terres rares sont extraites des mines, elles voyagent jusqu'en Asie pour les intégrer dans les étapes d'assemblage des produits électroniques. Toujours dans le but de réduire les prix d'assemblage et pour répondre à la forte demande du marché, les fabricants imposent à ses salariés des journées de travail extrêmement intenses, voire inhumaines. Ces derniers travaillent douze heures par jour, avec au mieux un jour de repos par semaine. Régulièrement, des salariés se suicident à cause de la pression subie. D'autre part, d'après l'article de Green IT publié le 16 mars 2021, la Chine emploierait jusqu'à quinze millions de stagiaires mineurs pour l'assemblage des produits électroniques.

Enfin, même lorsque le produit est arrivé entre nos mains, il continue de générer un impact sur les êtres humains. En effet, cela s'explique, par exemple, par notre utilisation des réseaux sociaux. Les réseaux sociaux emploient des milliers de personnes pour modérer le contenu de leurs plateformes. Quotidiennement, ces personnes-là filtrent et éliminent des contenus incluant de la violence, des décapitations, de la maltraitance animale, de la pédophilie ou encore de la pornographie. Cette routine leur provoque des séquelles. En 2020, à la suite d'une procédure judiciaire, Facebook s'est engagé à verser 52 millions de dollars de dommages et intérêts à ses modérateurs américains.

nécessité d'une politique de développement durable

Il est urgent de changer nos habitudes numériques pour limiter la croissance de la pollution numérique. Des politiques de développement durable sont nécessaires pour garantir une véritable transition numérique et environnementale.

Ci-dessous, quelques chiffres sur la réalité environnementale de la fabrication de nos équipements.

- En moyenne, pour fabriquer un appareil, il faut utiliser entre 50 à 350 fois son poids final en matières premières.[5]

- Fabriquer un ordinateur requiert environ 22 kg de produits chimiques, 240 kg de combustibles, 1500 litres d'eau[13] et rejette environ 200 kg de CO_2.

- Fabriquer un écran de 27" représente 200 kg de gaz à effet de serre et l'utilisation de 250 kg de matières premières. Un téléviseur d'environ 40 pouces c'est 300 kg de CO_2. Pour un serveur utilisé dans un centre de données, ce sont 500 kg de CO_2.[1]

Soyons alors conscients de l'impact environnemental de nos achats numériques. Réfléchissons deux fois avant d'acheter. Ai-je vraiment besoin de ce nouveau smartphone ? Ai-je besoin d'un téléviseur 4K alors que le mien fonctionne encore très bien ? Acheter ou ne pas acheter, telle est la question.

---

[13] Théophile Laherre. Internet, le plus gros pollueur de la planète. 2020.
https://www.fournisseur-énergie.com/internet-plus-gros-pollueur-de-planete/

Bonnes pratiques numériques

1. Refuser les achats d'équipements numériques inutiles malgré des promotions commerciales telles que le Black Friday ou les fins de stock du fournisseur.

2. Réparer les équipements électroniques plutôt que d'en acheter des nouveaux. Si l'achat est nécessaire, privilégier les équipements <u>reconditionnés</u>. Si ce n'est pas possible, acheter un équipement adapté à nos besoins (besoin d'un smartphone dernier cri ou d'un téléviseur de 48'' ?). Pour les smartphones, les marques Fairphone ou Shiftphone proposent des smartphones démontables et facilement réparables.

3. Ne nous suréquipons pas en équipements numériques. Limitons le nombre d'écrans, d'ordinateurs portables et de smartphones au travail et à la maison.

4. Prolongeons la durée de vie de nos appareils.

5. Dans notre immeuble d'habitations, promouvons le partage de téléviseurs, d'enceintes connectées, d'aspirateurs, etc. La gérance pourrait mettre à disposition ce type d'appareils.

6. Que ce soit à travers de conférences, d'ateliers, de fresques, de webinaires ou de <u>hackatons</u>, il est essentiel d'informer et de sensibiliser tous les acteurs de l'entreprise à la pollution numérique. Sans une compréhension claire de cette problématique, il sera très difficile de prendre les bonnes décisions autant pour l'environnement que pour l'entreprise.

7. Inclure la sobriété numérique dans les objectifs des départements RSE (Responsabilité Sociale de l'Entreprise) et DSI (Direction du Système d'Information). Ce sont les deux acteurs majeurs dans les entreprises pour atteindre une stratégie numérique responsable. L'obtention du certificat « Numérique Responsable » témoigne l'engagement social et environnemental de l'entreprise. Rayonner une image d'entreprise engagée attire non seulement des talents, fédère et retient les collaborateurs mais aligne aussi ses valeurs avec celles de la société.

8. Mettre en place une stratégie numérique responsable au sein de son entreprise est une démarche efficace pour réduire à la fois son impact environnemental et les dépenses liées à son système informatique.

9. Tout comme pour certaines consignes pour des produits en verre, les vendeurs d'équipements électroniques pourraient consigner à l'achat leurs produits pour inciter les consommateurs à les ramener en fin de vie pour les réparer ou mieux les recycler.

4

UNE SOCIÉTÉ NUMÉRISÉE

« Saviez-vous que la première matrice était censée produire
un monde idéal, où personne n'aurait souffert ? »
Matrix

Explorons maintenant la partie où nous sommes acteurs au quotidien : l'utilisation des équipements numériques.

une utilisation croissante d'Internet

Depuis de nombreuses années, Internet est devenu notre plus fidèle ami. Il nous a d'abord permis de nous connecter avec des gens lointains, de chatter avec notre famille et de draguer notre voisine à qui nous n'osions pas adresser la parole. Mais au fil des années, Internet a évolué. Et nous avec lui. A présent, non seulement nous pouvons communiquer à distance, mais nous pouvons aussi travailler à distance, acheter à distance, parier à distance, se former à distance, regarder des films à distance, jouer à distance et même gérer son argent à distance. Internet a pris une place précieuse dans notre quotidien. Et cela a évidemment des conséquences.

La croissance du flux de données sur Internet est exponentielle et sans précédent. D'après le patron de Google, Eric Schmidt, tous les deux jours nous produisons autant de données que l'humanité en a générée entre 2003 et l'aube de son existence.[5] De plus, selon Françoise Berthoud, la quantité de données dans le monde augmente de 25% par an – c'est même 30% en France. "Et ce n'est pas parce que l'Afrique ou l'Asie accèdent à une meilleure connexion, c'est parce que les gens ici veulent regarder des vidéos en 4G avec leur téléphone ».[14] Tous les deux jours nous consommons cinq exabytes, soit cinq milliards de gigabits.

L'impact énergétique et environnemental d'Internet est terrible. Si Internet était un pays, il serait le troisième pays le plus consommateur d'électricité au monde, derrière la Chine et les États-Unis. Au total, le numérique consomme entre 10 à 15% de l'électricité mondiale. Et cette consommation double tous les quatre ans.[15]

D'autre part, selon le chercheur Gerhard Fettweis, la consommation électrique du web atteindrait en 2030 la consommation mondiale de 2008, tous les secteurs confondus.

nos habitudes sur Internet

Comment en sommes-nous arrivés là ? Quelles sont nos habitudes numériques qui font grossir le Web jusqu'à l'insoutenable ?

Tout d'abord, nous passons énormément de temps devant les écrans. 15 heures par jour en moyenne en 2020. C'est la première conséquence de la numérisation de notre société. Notre hyperconnectivité et <u>hyperdisponibilité</u> ont aussi un coût pour la planète.

En ce qui concerne les réseaux sociaux, la pratique du selfie, qui peut sembler anodine, est en réalité un gouffre énergétique et environnemental. Chaque photo prise avec son smartphone et publiée sur son mur Facebook est envoyée à travers des dizaines de milliers de kilomètres de câbles de fibre optique,

---

[14] SudOuest.fr. Smartphones, emails, streaming : quel est l'impact environnemental de notre consommmation numérique ? 2019.
https://www.sudouest.fr/2019/05/17/smartphones-email

transitant par des équipements réseaux jusqu'aux centres de données surdimensionnés de Facebook. Selon un article de TV5 Monde paru le 24 décembre 2021, en tout, cette photo consomme à elle seule autant que trois ou quatre ampoules basse consommation de 20 watts allumées pendant une heure ! Un selfie Facebook est à lui seul une petite entreprise de consommation énergétique. Sachant qu'il existe deux milliards de comptes Facebook, combien de centres de données faudra-t-il construire et alimenter dans les années à venir pour satisfaire nos habitudes sur les réseaux sociaux ?

5

LES VIDÉOS EN LIGNE

Chaque année, YouTube génère
11,3 millions de tonnes de CO_2.

Nous venons de voir que la plupart de nos actions sur le Net ont un impact énergétique et environnemental. En revanche, c'est le visionnage de vidéos en ligne qui représente l'impact le plus important. Regarder une vidéo en ligne demande de complexes infrastructures techniques. L'impact principal vient de l'équipement utilisé pour visionner la vidéo.

l'impact environnemental

D'après le rapport « Lean ICT – Pour une Sobriété Numérique » de The Shift Project publié en 2018, les vidéos en ligne ont une empreinte carbone de 300 Mégatonnes de CO_2, soit 1% des émissions mondiales ou l'équivalent de l'empreinte carbone de l'Espagne en 2018.[8] En 2020, les vidéos en ligne ont représenté 80% du trafic Internet mondial. Et cela ne fait qu'augmenter jour après jour. A chaque seconde de 2020, environ un million de minutes de contenu vidéo étaient diffusés sur le Net.

l'apparition des plateformes en ligne

L'essor de la vidéo en ligne a largement été possible grâce à l'apparition de YouTube. C'est la plateforme reine pour le visionnage de vidéos en ligne. A elle seule, elle capte 37% du trafic mondial, loin devant ses concurrents directs : les sites pornographiques avec 23,4% et Facebook avec 8,4%.[14] Néanmoins, YouTube n'échappe pas à son impact environnemental. Chaque année, YouTube génère 11,3 millions de tonnes de CO_2. En un an, YouTube pollue autant que deux millions de tours du monde en avion.

Nous sommes tous contributeurs du succès de YouTube et de son impact climatique. La vidéo *Gagnam Style*, visionnée 3,4 milliards de fois, a induit une demande d'électricité équivalente à la consommation annuelle de deux petites centrales nucléaires. Or, rappelons que YouTube n'est plus la seule plateforme de vidéos en ligne. Aujourd'hui, d'autres plateformes telles que Netflix, Amazon, Disney ou HBO proposent aussi du contenu en ligne. Netflix par exemple occupe 20% de la bande passant mondiale juste pour ses séries et ses films. Au vu de l'impact environnemental de la vidéo de *Gagnam Style*, imagine le visionnage en ligne d'un film d'1h30 par dix millions de spectateurs ! [15]

L'ensemble « téléviseur + box internet » concentre 20% de l'impact environnemental du numérique en 2018.[1]

Réfléchissons un instant sur le nombre d'heures passées à regarder des films en ligne. Comprenons que chaque action sur Internet a un impact humain, énergétique et environnemental. Certes, Internet nous a permis d'évoluer rapidement, mais, si son utilisation n'est pas maîtrisée, l'impact environnemental est énorme.

---

[15] Suez, Ouest-France. Parole d'expert, pollution numérique, videz votre boîte email. 2018.

Bonnes pratiques numériques

10. Choisir l'équipement le plus petit pour le visionnage.

11. Limiter le temps sur les plateformes de visionnage en ligne.

12. Réduire la qualité de la vidéo en ligne. Regarder une vidéo en ligne en basse définition consomme entre quatre à dix fois moins d'énergie qu'un visionnage en haute qualité.

13. Favoriser l'utilisation de la Wi-Fi plutôt que la 4G ou la 5G, surtout pour le visionnage de vidéos.

14. Réduire notre consommation numérique : vidéos en ligne, temps d'écran et stockage dans le *Cloud*.

15. Faire du nettoyage : supprimer nos vidéos en ligne, nos emails et nos publications inutiles sur les réseaux sociaux.

16. Désactiver la lecture automatique des vidéos sur les réseaux sociaux. Utiliser l'extension Low web sur Firefox/Chrome.

17. Installer l'extension web « YouTube Audio » pour ne garder que le son d'une vidéo sur YouTube.

18. Pour diminuer l'impact carbone de Netflix :
    - Aller dans paramètres.
    - Décocher « Autoriser les notifications ».
    - Dans téléchargements, cocher « Wi-Fi uniquement ».
    - Décocher « Télécharger l'épisode suivant ».
    - Dans qualité vidéo, cocher l'option « Standard ».
    - Dans consommation des données cellulaires, cocher « économie des données » ou « Wi-Fi uniquement ».

6

LES EMAILS

Écrivez quelque chose qui vaut la peine d'être lu ou
faites quelque chose qui vaut la peine d'être écrit.
Benjamin Franklin

Qui, parmi nous, n'a jamais entendu parler d'email ou de courrier électronique ? Dès son apparition en 1965[16], l'email a révolutionné la façon de communiquer. Nous sommes passés d'un système papier à un système électronique.

un quotidien devenu instantané

La numérisation de notre société a accéléré nos communications. Nous n'attendons plus que la lettre soit postée, envoyée, lue, répondue et renvoyée chez nous. Avec l'email, la communication est devenue instantanée. Quel bonheur ! Notre société repose sur ce principe : l'instantané, n'est-ce pas ? Aujourd'hui, l'email n'est pourtant plus très à la mode. Il est principalement utilisé au travail. Les réseaux sociaux ont pris sa place dans notre vie privée.

les messageries électroniques

Pour envoyer des emails, il faut disposer d'une messagerie électronique. Nous connaissons, entre autres, Gmail et Outlook. Les entreprises du numérique ont très vite compris

---

[16] Wikipedia. Le courriel électronique. Mai 2020.

que l'email se trouverait au centre de nos vies. En même temps, elles ont aussi compris qu'en nous proposant de les conserver dans leurs *Cloud*, elles auraient accès à toutes nos données personnelles. Et gratuitement ! Les malins !

Les emails sont conservés dans les messageries électroniques. Celles-ci ont remplacé les tiroirs où nous gardions nos lettres. Quand le tiroir était plein, nous trions les lettres, nous gardions les plus importantes puis nous jetions le reste. Avec les boîtes emails, nous n'avons plus ce souci de tri et de rangement. L'espace proposé dans le *Cloud* est tellement important qu'il est presque impossible de remplir sa messagerie. Quel soulagement, ou pas !

son impact environnemental

Envoyer, recevoir et conserver un email a un impact sur l'environnement. Plus nous envoyons et conservons d'emails, plus nous polluons. Mais, comment est-ce possible ? On nous a toujours vendu le *Cloud* comme un beau nuage blanc. Et bien ils nous ont menti, à moitié. Le *Cloud* est bien un nuage, mais un nuage de CO_2.

En 2011, selon l'Agence De l'Environnement et de la Maîtrise de l'Energie, l'ADEME, envoyer un email d'1Mo représente 19g de $\underline{CO_2e}$. Le conserver pendant un an dans sa messagerie équivaut à environ 10 grammes de CO_2 supplémentaires.[16] Puis, il faut en moyenne deux fois plus d'énergie pour envoyer un email que pour le conserver pendant un an.[1] Ces premiers chiffres annoncés il y a quelques années sont aujourd'hui remis en cause. Pour cela, différents groupes de travail s'intéressent de manière plus approfondie sur l'impact CO_2 des emails, qui aurait été largement surévalué.

quelques chiffres clés

Malgré les idées reçues, l'email représente une très faible partie de la pollution numérique. Son empreinte réside notamment dans son stockage dans les centres de données. D'ailleurs, le nombre d'utilisateurs de boîtes emails ne fait que croître. En 2004, Gmail comptait 1 milliard d'utilisateurs actifs. Aujourd'hui, il compte plus de 5,6 milliards de boîtes emails. Chaque heure, 10 milliards d'emails sont envoyés, soit l'équivalent d'environ 40 Giga Watt Heure. C'est la production électrique de 16 centrales nucléaires pendant une heure.[12] Chaque email est envoyé et copié plusieurs fois par les serveurs de messageries et les serveurs relais qui l'acheminent sur le réseau.[17] Pourtant, seulement 20% des emails sont finalement lus par leurs destinataires.[15]

A ce stade, tu te demandes probablement comment cette pollution est générée. Comment un email ou une vidéo en ligne contribuent au réchauffement climatique ? C'est une histoire de trafic et de conservation de données numériques. Bienvenue dans le monde des centres de données.

---

[17] Le Parisien. Un mail, ça pollue ? 2011.

Bonnes pratiques

19. Réduire le nombre d'emails envoyés et alléger leur contenu.

20. Compresser et optimiser la taille des fichiers à envoyer. Privilégier des sites web de dépôt temporaire tels que Swiss Transfer ou WeTransfer, plutôt que l'envoi de pièces jointes.

21. Supprimer les spams et se désabonner des newsletters inutiles.

22. Modérer l'utilisation de la fonctionnalité « Répondre à tous ». Bien choisir ses destinataires.

23. Une fois par année, supprimer les emails les plus lourds.

7

LES CENTRES DE DONNÉES

En 2028, les centres de données en Irlande
consommeraient 29% de l'électricité du pays.
Guillaume Pitron

le trafic sur Internet

Tous les 18 mois, le nombre de données générées double. Selon le régulateur français des télécommunications, l'ARCEP, le trafic des données Internet a été multiplié par 4,5 entre 2011 et 2016. Mais depuis quand le numérique est devenu si important ? C'est en 2002 que le monde est devenu numérique. C'est l'année où le stockage numérique de données a dépassé, en proportion, le stockage analogique. Cela a été possible grâce à la prolifération des centres de données.

les centres de données

Un centre de données est souvent un entrepôt anonyme et sans fenêtres, dans lequel sont alignés des serveurs informatiques et des équipements servant à gérer le flux de données numériques transitant sur Internet. Ces serveurs conservent des bases de données d'entreprises, des documents sur le *Cloud*, facilitent les recherches sur les sites web qu'ils hébergent et orientent un email ou une vidéo vers l'utilisateur.[18] Historiquement, un centre de données était un centre de calculs. La puissance des serveurs était utilisée pour réaliser des calculs mathématiques complexes. Aujourd'hui, l'hébergement de données a pris le dessus sur les calculs. D'après Greenpeace, les centres de données sont devenus les usines de notre ère numérique.

Par ailleurs, avais-tu déjà entendu parler des centres de données ? Leur existence est peu connue. Pourquoi s'y attarder ou en parler dans les médias ? Pourtant, il y a plein de raisons !

une omniprésence inconnue

Les centres de données interviennent en permanence dans nos habitudes numériques. Lorsque nous envoyons un email, celui-ci parcourt en moyenne 15 000 km avant d'atteindre son destinataire. Les centres de données sont les relais qui permettent d'envoyer un email, un fichier ou une vidéo d'un point A à un point B.

Mais en quoi ce transfert pollue ? Outre la grande consommation d'électricité des centres de données, il a fallu et il faut construire un réseau de télécommunication entre les centres de données pour que n'importe qui, depuis n'importe où et à n'importe quel moment de la journée puisse accéder aux contenus du Web. Il s'agit d'assurer l'hyperdisponibilité et l'hyperconnexion. Cela ne te rappelle rien ?

le fonctionnement des centres de données

Un centre de données est composé de serveurs qui emmagasinent et traitent nos données en permanence. Ce fonctionnement sans arrêt entraîne une surchauffe des serveurs. Il faut donc refroidir les serveurs sans arrêt pour éviter les pannes. La réfrigération des serveurs représente parfois 50% du budget d'un centre de données. Pour remédier à ces coûts, l'efficience énergétique des centres de données a doublé en 15 ans.[1] Les infrastructures sont dimensionnées pour travailler régulièrement à une capacité maximale alors que la plupart du temps les serveurs sont loin d'être sollicités à leur pleine puissance.

le *Cloud*

Où en est le *Cloud* dans cette histoire ? Le *Cloud* est simplement une interface pour héberger ses données dans des centres de données. C'est justement la notion de *Cloud* qui permet de croire à un numérique dématérialisé. On nous vend le *Cloud* comme immatériel, infini et propre. Détrompe-toi, c'est faux. Ce n'est que du marketing. Nos données sont conservées dans des centres de données, polluant tout autant que des grandes villes !

D'ailleurs, 85% des données mondiales actuelles présentes dans le *Cloud* sont considérées comme des *dark data*. Ce sont des données que nous n'utilisons qu'une seule fois pour ensuite les conserver sans pour autant les réutiliser.

la Virginie, le cœur du *Cloud*

Les plus grands regroupements de centres de données au monde se trouvent en Virginie et en Caroline du Nord, aux États-Unis. Pourquoi avoir choisi ces endroits ? Pour leurs magnifiques vues sur les montagnes Appalaches ? Non. L'état de Virginie abrite la deuxième réserve de charbon des Etats-Unis.[15] Précisons que le charbon émet 50 fois plus de CO_2 que les autres énergies fossiles. En Caroline du Nord, ce sont, entre autres, Facebook, Apple et Amazon qui emploient ces centres de données. 70% du trafic de données mondial transite par ces centres de données.[14] A eux seuls, ils consomment 5% de l'électricité de l'État.

les câbles de fibre optique sous-marins

Le réseau de communication entre les centres de données est surtout composé de millions de kilomètres de câbles de fibre optique sous-marins. En ce moment, des câbles sous-marins sont posés pour relier des centres de données entre les États-Unis et la Chine. Ils font 13 000 kilomètres de long et traversent tout l'océan Pacifique !

la consommation énergétique mondiale des centres de données

En 2020, les centres de données mondiaux ont consommé plus d'électricité que la France, l'Allemagne, le Canada et le Brésil réunis. Malgré l'efficacité énergétique, la consommation électrique des centres de données double en moyenne tous les quatre ans, principalement par l'augmentation du nombre et de la taille des centres de données. La consommation électrique d'un centre de données est, en moyenne, dix fois supérieure à celle d'un bâtiment d'habitations ordinaire. Cela s'explique par la grande concentration de serveurs par m². Pour minimiser les coûts liés au refroidissement, certains hébergeurs décident d'installer une partie de leurs centres de données dans les pays nordiques, comme Facebook, ou sous la mer, comme Microsoft.[15]

D'autre part, la consommation des centres de données ne cesse de croître. En 2015, elle représentait déjà 4% de la consommation énergétique mondiale. Par exemple, les centres de données de Google ont une intensité énergétique similaire à celle de la ville de San Francisco ! Cette croissance énergétique est expliquée par la croissance du trafic de données. En 2017, 15 zettabits (15 000 milliards de milliards de bits) de données étaient conservés dans le monde, soit 480 térabits traités chaque seconde. Cette même année, la consommation électrique des centres de données représentait 40% de plus que la consommation électrique du Royaume-Uni.

la consommation énergétique des centres de données en Europe

En Europe il y a plus de 2 500 centres de données. En 2020, et selon la Commission Européenne, les centres de données européens ont consommé 104 milliards de kWh, soit l'équivalent de la consommation annuelle de 1,9 millions de foyers. C'est une croissance de 5% par an. Amazon et Microsoft prévoyaient de construire leurs centres de données près de Dublin. Néanmoins, ils ont dû revoir leur stratégie à cause de l'éventuelle future pénurie d'électricité en Irlande. Si le centre de données d'Amazon se construit, sa consommation électrique à plein fonctionnement représentera 4,4% de la consommation électrique irlandaise. Il est prévu qu'en 2028, les centres de données irlandais consomment 29% de l'électricité du pays. D'autre part, Amsterdam est la ville européenne qui en compte le plus avec environ cent.

Fin 2020, la Suisse comptait 93 centres de données de type « colocation ». Ce nombre connait une croissance annuelle moyenne de 8%. Dans leur dernier rapport, le Swiss Institute for Sustainable IT estimait à 268 000 tonnes de CO_2e leur empreinte environnementale due uniquement à la phase d'utilisation, sans considérer l'étape de fabrication ni la fin de vie du matériel.

En France et en 2016, les 182 centres de données ont concentré 8% de la consommation électrique nationale. D'après un rapport de Dalkia publié en 2013, un centre de données de 10 000 m² consomme autant qu'une ville de 50 000 habitants. Puis, le nombre de centres de données en France augmente très vite, de 15 à 25 % en plus par an.

le plus grand centre de données au monde

Il est construit en Arctique, au nord de la Norvège. Sa localisation optimisera le refroidissement des serveurs. Ce site sera l'équivalent de 85 stades de football. Sa puissance de consommation devrait atteindre 1 Gigawatt. C'est un record absolu. A titre de comparaison, la Norvège consommait une puissance de 12,5 Gigawatts d'électricité en 1998.

leur impact environnemental

Avec le développement du _Big Data_, les centres de données sont devenus un véritable symbole de la croissance du numérique. Justin Adamson, employé chez Tesla, a calculé que la sauvegarde d'un fichier sur le _Cloud_ était un million de fois plus couteux que sur un disque dur.[8] Avec le _Cloud_, le transport d'une donnée génère en moyenne deux fois plus d'impacts environnementaux que son stockage pendant un an.[1]

24. Privilégier la sauvegarde locale (sur l'ordinateur, smartphone ou tablette) plutôt que dans le *Cloud*.

25. Utiliser l'extension web Carbonalyser et CarbonViz sur les moteurs de recherche Mozilla Firefox et Google Chrome pour suivre l'impact carbone de nos navigations sur Internet.

26. Choisir des hébergeurs ayant signé le Code of Conduct européen.

8

LES DONNÉES, UN ENJEU STRATÉGIQUE

Laisserions-nous fouiller notre smartphone à un inconnu ?
Alors, pourquoi le faisons-nous avec notre vie privée numérique ?

l'échange de données, un accélérateur de mutations sociales et économiques

Le premier câble sous-marin transportant des données fut posé entre la France et le Royaume-Uni en 1851, connectant la bourse de Paris et celle de Londres. Cela améliora leur communication, leurs échanges et par conséquent l'économie globale. Le premier câble transatlantique fut aussi posé en 1851, entre l'Irlande et les États-Unis. En 1900, nous comptons déjà plus de 200 000 km de câbles sous-marins.[18]

Entre la fin du XIXème siècle et le début du XXème, le monde s'accélère et se connecte. C'est le début de la mondialisation et le début des communications intercontinentales. En 1956 apparaît le premier câble téléphonique TAT-1. En 1988, le premier câble à fibre optique est posé entre la France, le Royaume-Uni et les États-Unis. Les années 2000, avec l'arrivée d'Internet, représentent le premier gros pic de pose de câbles sous-marins. Le deuxième pic se produit en ce moment en pleine numérisation de notre société et industrie. Aujourd'hui, certains câbles sous-marins transpacifiques font plus de 30 000 km de long ! En 2017, plus de 80 000 km de câbles de fibre optique ont été posés. Notre addiction pour le numérique fait qu'aujourd'hui, ce sont plus de 1,3 millions de kilomètres de câbles sous-marins qui ont été posés. Cela représente 32 fois le

---

[18] Arte. Le Dessous des cartes – Câbles sous-marins la guerre invisible.

tour de la planète ! Et pourtant, seulement 59% de l'humanité a accès à Internet. Combien de millions de kilomètres de câbles aurons-nous besoin pour satisfaire notre appétit numérique ?

l'évolution du trafic de données

En 1992, 100 Go de données circulaient chaque jour dans le monde. En 2002, ce sont 100 Go par seconde, soit 86 400 fois plus qu'en 1992. En 2006, en une seconde, on en transmettait 260 fois plus qu'en 2002, soit 22,5 millions fois de plus qu'en 1992. Les câbles de fibre optique transportent 99% des données numériques, alors que les satellites (4G/5G) concentrent moins de 1% du trafic de données numériques.

un grand marché économique

Le marché des câbles sous-marins représente deux milliards de dollars. Les principales entreprises sont Alcatel Submarine Networks (France), TE Subcom (USA) et NEC (Japon). Cependant, pour gagner en liberté, Microsoft et Facebook se sont mis aussi à poser des câbles sous-marins. En 2017, ils déploient *Marea*, reliant leurs centres de données de Virginie (États-Unis) à celui de Bilbao (Espagne). Il s'agit de 6 400 km de câble de fibre optique transportant 160 térabits de données par seconde, soit l'équivalent de 75% du trafic Internet actuel. C'est le plus puissant des 428 câbles mondiaux.[20]

un enjeu politique et militaire

Ces câbles transportent non seulement des données des entreprises et des particuliers, mais aussi des données sensibles d'États et de secteurs stratégiques comme l'armée, la finance et la diplomatie. Étant si importants, comment se fait-il que ce soient des entreprises privées qui les posent et les contrôlent ? Contrôler un câble c'est contrôler l'information qu'il transporte. Savoir que M. Dupont regarde une vidéo de chat n'est pas forcément une information intéressante. Cependant, avoir la main sur les informations militaires partagées entre des pays alliés devient beaucoup plus intéressant pour leurs ennemis ou des *hackers*. Les câbles sous-marins deviennent ainsi des enjeux de puissance et des précieuses sources d'information. Sans surprise, ce sont les Américains qui exploitent le plus cet enjeu. Les informations révélées par Edouard Snowden confirment cette idée. Le service d'écoute de la National Security Agency des États-Unis, en collaboration avec ses collègues du Canada, du Royaume-Uni, de l'Australie et de la Nouvelle-Zélande, surveille une grande partie des données numériques mondiales. On les nomme les « Five Eyes ». Et que fait l'Europe ? Pareil. A travers le hub de câbles à Marseille, la France « écoute » le Maghreb et le Moyen Orient.[20]

Or, le cyber-espionnage remonte à la Guerre Froide, lorsque les sous-marins américains « écoutaient » les câbles sous-marins soviétiques. Dans l'actualité, 10 des 13 serveurs racines du Web se situent aux États-Unis. 80% des flux de données y transitent. Ainsi, attention à ce que nous faisons sur Internet. Il y aura toujours quelqu'un analysant notre activité web pour mieux nous influencer par la suite. Or, cette soif d'écoute ne se limite plus aux États. Google, Meta et Amazon souhaitent installer leurs propres câbles pour augmenter leur puissance d'écoute et de surveillance. Il ne leur manquera plus que les fournisseurs d'accès Internet, encore sous le contrôle des opérateurs téléphoniques, pour contrôler l'écosystème Web.[20]

9

LA CONSOMMATION ÉLECTRIQUE
DES ÉQUIPEMENTS ÉLECTRONIQUES

L'énergie est notre avenir. Économisons-la.

la technologie satellitaire

Depuis l'arrivée de la 4G et de la 5G, Internet est accessible partout. Nous réservons nos vacances dans le train nous menant au travail. Nous discutons avec notre copine ou copain en attendant le bus. Nous écoutons de la musique en pratiquant du sport. La principale différence entre la Wi-Fi et la 4G/5G c'est que la première passe par la ligne téléphonique et la deuxième passe par les antennes et les satellites. Nous avons compris dans les chapitres précédents comment la surconsommation numérique engendre un grand impact environnemental. Mais quels sont les impacts environnementaux spécifiques à l'utilisation de la 4G ou de la 5G ?

Le résultat est irréfutable. Cette technologique satellitaire (4G/5G) est un vrai luxe qui coûte très cher à la planète. Même si moins de 1% de l'information échangée dans le monde passe par les satellites, celle-ci a un grand impact environnemental. Comprenons d'abord le fonctionnement de cette technologie. La 1G a amené la voix à nos conversations, la 2G a permis les SMS, la 3G a donné l'accès au Web puis la 4G a augmenté le débit des connexions mobiles.[19] Cette technologie envoie des informations à travers une bande de fréquence spécifique. La

---

[19] Wikipedia. 5G. Juillet 2020.

1G se base sur la fréquence de 700 MHz et la 5G sur celle de 3800 MHz. Plus la fréquence est élevée, plus la quantité d'énergie pour la produire est importante. D'autre part, la fréquence de la 5G est plus courte que celle de la 4G. Elle nécessite donc plus d'antennes pour relayer une même information numérique (email, vidéo, message). Ensuite, la 5G a un débit de téléchargement plus important que la 4G. Je te laisse imaginer le boom du trafic de données numériques avec le passage à la 5G. D'un point de vue environnemental, utiliser la 4G impacte environ vingt fois plus la planète qu'un réseau filaire du type ADSL, fibre optique ou Wi-Fi.[1]

le gaspillage énergétique de nos appareils

Notre quotidien est devenu très confortable grâce à la technologie numérique. Nous voulons appeler quelqu'un ? Nous utilisons notre smartphone. Nous devons répondre à un courrier ? Nous nous servons de notre ordinateur. Nous souhaitons regarder un film ? Nous n'avons qu'à allumer notre téléviseur. Tout est devenu tellement simple. Internet a brisé les barrières de notre quotidien. Mais à quel prix ?

Un ordinateur portable de gamme moyenne allumé pendant huit heures par jour représente 25 kWh par an, soit l'équivalent de 25 cycles de lavage du linge. Mais outre l'utilisation de ces appareils, nous gaspillons aussi de l'énergie en les laissant en veille.

Au travail, les téléphones, les ordinateurs portables et les imprimantes consomment une partie de l'électricité pendant la nuit et le week-end. D'où l'intérêt de les éteindre et de les débrancher quand nous ne nous en servons plus.

Bonnes pratiques numériques

27. Éteindre les box internet et TV quand nous ne nous en servons pas. 43% des personnes ne les éteignent jamais. Une box TV consomme trois fois plus qu'un téléviseur. En éteignant la box, nous économiserons entre 65 et 130 kWh et entre 650 et 1 300 litres d'eau par an.[1]

28. Privilégier l'utilisation d'appareils multifonction (exemple : imprimante multifonction). Ils consomment moins d'énergie que trois appareils indépendants.

29. En partant du bureau ou de la maison, débrancher tous les appareils. Même éteints, ils consomment de l'énergie !

30. Régler les équipements en mode économie d'énergie.

31. Désactiver les veilles animées des écrans.

32. Paramétrer la luminosité des écrans en automatique.

33. Désactiver le GPS, la Wi-Fi, la 4G/5G et le Bluetooth de nos appareils quand ils ne sont pas utilisés.

34. Désinstaller les applications non utilisées.

35. Utiliser un logiciel de nettoyage de données numériques.

36. Privilégier la Wi-Fi à la 4G/5G.

37. Privilégier les équipements plus petits et moins gourmands en énergie.

10

LE RECYCLAGE DES ÉQUIPEMENTS

Le recyclage n'a jamais été la solution.

Les bienfaits du recyclage sont populairement reconnus. Nous recyclons déjà entre autres le plastique, le carton, le papier, l'aluminium, le verre, le bois et les métaux. Qu'en est-il pour les appareils électriques et électroniques ?

le taux de recyclage

Sans surprise, le recyclage des composants électroniques est presque inexistant. Entre 70% et 90% des déchets d'équipements électriques et électroniques (DEEE) mondiaux ne suivent pas les filières de recyclage réglementées au niveau international. Plusieurs raisons à cela. La première est que la pollution numérique n'est pas encore connue du grand public. Si le problème n'est pas connu, alors son impact est négligé et il n'y a pas de bonnes pratiques. La deuxième raison est que le recyclage de ces appareils est, pour l'instant, difficile et onéreux. Il s'agit de recycler des systèmes électroniques complexes, nécessitant des procédés de recyclage tout autant compliqués. A l'heure actuelle, moins de la moitié des métaux présents dans nos smartphones sont recyclés.[20] Le recyclage est nécessaire pour récupérer les matières premières encore utiles dans les équipements. Par exemple, il y a entre 50 à 100 fois plus d'or dans une tonne de cartes électroniques que dans une tonne de

---

[20] TV5Monde.com. Pollution numérique, comment réduire ses effets au quotidien. Janvier 2020.

minerai.[5] De plus, on estime qu'un tiers des réserves mondiales d'or, toutes sources confondues, se trouve dans nos décharges d'équipements électroniques.[1] Si tu souhaites devenir riche, il suffit de trouver un procédé pour extraire tout cet or ! La troisième raison est que l'industrie numérique ne souhaite pas populariser ce recyclage. Qui dit recyclage dit aussi une société qui comprend l'impact environnemental des appareils numériques et qui achètera moins de nouveaux produits. Nous n'alimenterions plus notre société de consommation numérique.

Enfin, en 2019, on comptait 34 milliards d'équipements numériques. Cela représente 223 millions de tonnes de matériel, soit l'équivalent de 179 millions de voitures de 1,3 tonnes. Imagine l'énorme quantité de métaux précieux et d'autres composants qui sont jetés chaque année à cause de notre mode de consommation numérique ! Tout cela pour disposer d'un équipement plus neuf, plus grand, plus beau, plus moderne ou plus léger.

la responsabilité des ménages et des entreprises

L'humanité produit 75 milliards de kilos de DEEE par an. En France, un français produit chaque année environ 21,5 kg de déchets électroniques. La moyenne européenne est de 16,6 kg. Pour les entreprises, 80% des appareils électroniques débarrassés sont encore parfaitement fonctionnels. Pour les ménages, le pourcentage est légèrement inférieur. Un rapport du Sénat français indique que 100 millions de téléphones dorment au fond des tiroirs en France.[1]

la responsabilité des fabricants

Une partie des fabricants d'équipements électroniques a la volonté d'éviter le recyclage de leurs produits. Par exemple, ils complexifient le recyclage des batteries en ne les rendant pas accessibles ou peu remplaçables. Or, nous devrions pouvoir changer la batterie quand nous le souhaitons. A la place, ils nous proposent un nouvel appareil. Cela leur coûte moins cher. Les lobbies du numérique jouent un rôle important dans l'établissement, ou pas, d'un cadre juridique pour le numérique. Enfin, en Italie, Samsung et Apple ont été condamnés pour obsolescence programmée. Ils ont poussé à des mises à jour du système ralentissant le fonctionnement des appareils les plus anciens.[8] L'obsolescence catalyse la fréquence de renouvèlement de nos équipements.

l'aspect géopolitique et environnemental

D'un point de vue géopolitique, un meilleur recyclage des composants réduirait les tensions sur les matières premières et diminuerait le financement des conflits armés en Afrique, issus de l'extraction de « minerais des conflits ». De son côté, la Chine, longtemps considérée comme la déchetterie de la société occidentale, refuse de continuer à importer nos déchets électroniques. Elle a compris l'impact sanitaire et environnemental des déchetteries électroniques abandonnées à ciel ouvert. Depuis, c'est le Nigéria et le Ghana qui ont pris le relai.[1] Le Ghana commence déjà à observer les effets nocifs de ces appareils abandonnés. Dans la ville d'Agbogbloshie, hébergeant une déchetterie électronique, les œufs de poule ont 220 fois plus de plomb et de cadmium que les limites autorisées en Europe. Les déchets électroniques polluent le sol, les animaux s'y nourrissent et se retrouvent ensuite dans nos assiettes. Une partie importante des équipements électroniques en fin de vie sont brûlés pour récupérer leurs métaux, polluant les nappes phréatiques. La pollution des sols se fait aussi lors de l'extraction des minerais.[1]

D'autre part, si un pays ambitionne d'acquérir la souveraineté numérique, alors il a tout intérêt à réduire sa dépendance aux ressources naturelles nécessaires au numérique. Et cela passe par la sobriété numérique et la réexploitation des déchets électroniques.

Pour conclure, les équipements électroniques jouent un rôle clé sur l'impact environnemental du numérique. Nous, particuliers et entreprises, avons de grandes responsabilités afin de diminuer cet impact. Et qu'en est-il des grands du numérique ? Quelles sont leurs responsabilités ? A travers ces chapitres, nous avons appris qu'ils posent des câbles sous-marins pour assurer et surveiller le flux mondial de données numériques. Ils construisent aussi de plus en plus de centres de données pour satisfaire notre soif de numérique. Néanmoins, mettent-ils en place une stratégie de développements durable ? Sont-ils conscients de leur pollution numérique ?

Suis-moi dans le monde caché des GAFAM.

38. Recycler correctement les appareils électroniques en fin de vie. Privilégier le recyclage à travers des organismes de réinsertion professionnelle spécialisés dans le recyclage des déchets électroniques.

39. Ne conservons pas les équipements électroniques inutilisés dans nos tiroirs. Offrons-les à des associations spécialisées pour leur donner une seconde vie (reconditionnement ou recyclage).

11

LES GAFAM

La valeur des données personnelles des
européens est estimée à 8% du PIB européen.
World Economic Forum

GAFAM est l'acronyme pour Google, Apple, Facebook, Amazon et Microsoft. Quels rôles ont-ils dans cette crise environnementale ? Que font-ils pour y remédier ?

le contexte actuel

Depuis quelques années, les GAFAM ont le contrôle sur notre quotidien numérique. Ils contrôlent nos recherches sur Internet, nos <u>messageries instantanées</u>, les plateformes de vidéos en ligne et les systèmes d'exploitation tels que Windows et iOS. Bref, ils ont le monopole du numérique. Un tel pouvoir entraîne de grandes responsabilités. Les GAFAM jouent un rôle crucial dans cette crise climatique.

En 2016, Greenpeace publia un classement sur le taux d'utilisation d'énergies renouvelables chez les plus grandes entreprises numériques. Parmi les GAFAM, c'est Apple qui s'en sort le mieux avec une note de 83%, suivi de Facebook avec 67%, de Google avec 56%, de Microsoft avec 32% et d'Amazon avec 17%. En 2020, Apple et Facebook se donnèrent pour objectif d'utiliser exclusivement de l'électricité provenant d'énergies renouvelables. Agissent-ils par conviction environnementale ? Ou par intérêts économiques ? Utiliser des énergies renouvelables permet de s'affranchir en partie des énergies fossiles. En même temps, cela ne règle qu'en partie le problème de la pollution numérique. Le nombre de centres de données continuera de grimper et il en sera de même pour la fabrication de serveurs et leur consommation d'électricité. En plus de se tourner vers les énergies renouvelables, les GAFAM devraient changer leurs modèles d'affaires pour ne pas nous pousser à acheter et à consommer toujours plus.

un tournant écologique chez les grands ?

Essayons de comprendre pourquoi les GAFAM se tournent vers les énergies renouvelables. La première raison pourrait être environnementale. La deuxième raison serait sociétale. De plus en plus, les consommateurs exigent aux entreprises d'être respectueuses envers la planète. Enfin, la troisième raison serait économique et de durabilité. Les énergies fossiles seront de plus en plus taxées, onéreuses et difficiles d'accès. Le pétrole est devenu une ressource incertaine et volatile à court terme. Enfin, au rythme actuel, dans 40 ans certains des matériaux utilisés pour le numérique ne seront plus disponibles facilement.

Comprenons aussi que pour les géants du Web, être tout en haut de la liste élaborée par Greenpeace équivaut non seulement à une grande victoire environnementale mais aussi à une réussite marketing. Or, savais-tu que certaines de ces compagnies, soi-disant écologiques, vendent en parallèle leurs algorithmes de recherche à des compagnies pétrolières pour trouver des nouveaux gisements de pétrole ?[14] Une fois de plus, attention aux informations que nous lisons ou que nous écoutons dans les médias.

Puis, n'oublions pas que les GAFAM sont là pour gagner de l'argent. Ils n'ont pas d'intérêt à diminuer le nombre d'équipements vendus, le nombre de séries en ligne ou le nombre de publications sur les réseaux sociaux. Plus nous utilisons leurs services, plus ils obtiennent des informations sur nous et mieux ils nous connaissent. Ensuite, certaines de ces informations sont vendues à d'autres industries intéressées par notre vie privée. La vente de nos données rapporte très gros. 30 centimes pour un prénom ou un nom, soit un marché de 300 milliards d'euros par an. Puis, as-tu déjà remarqué que si tu effectues une recherche sur une marque de chaussures, des publicités sur cette marque s'affichent sur tes réseaux sociaux et dans tes recherches web ?

la montée en puissance de BATX

Depuis quelque temps, nous entendons parler des BATX. Il s'agit des GAFAM asiatiques. BATX est l'acronyme pour Baidu, Alibaba, Tencent et Xiaomi. Ils sont très présents en Asie mais arrivent en force en Europe et en Amérique du Nord. Leur impact environnemental est aussi énorme. L'Asie utilise principalement le charbon pour produire son électricité. Le lobby du charbon en Asie empêche certains pays comme la Corée du Sud de se tourner vers les énergies renouvelables. En Occident et en Amérique, ce n'est guère mieux. Enfin, pour conserver les données échangées par ses 2,45 milliards d'utilisateurs, Facebook rejette chaque année 60'000 tonnes de CO_2 !

notre santé en péril

Les techniques utilisées par les grands du Web nuisent à notre santé. En effet, il semble bien que ce soit les réseaux sociaux qui provoquent une baisse du bien-être et non pas le contraire. Plus nous utilisons les réseaux sociaux, plus nous sommes malheureux. Les symptômes dépressifs de l'utilisateur surgissent après la connexion aux réseaux sociaux.[2] Ceux-ci ont compris rapidement comment capter notre attention sur l'écran et ne plus nous en détacher. Une des causes de l'accroissement du nombre d'heures passées à visionner des vidéos sur les réseaux sociaux est la lecture automatique. Les vidéos s'enchaînent sans que nous n'ayons à effectuer la moindre action. Aussi, à travers le déroulement infini de publications, les réseaux sociaux retiennent notre attention. Ces deux moyens sont efficaces pour nous retenir sur notre téléphone.

Heureusement, nous sommes devenus légèrement plus conscients de l'emprise des réseaux sociaux sur notre comportement. Cela a entraîné depuis quelques années une chute sur la confiance envers les réseaux sociaux, les médias mais aussi envers notre système éducatif. Cette confiance était excellente dans les années 70 avec deux tiers des opinions favorables. Aujourd'hui, uniquement un tiers est favorable.[2] Les _fake news_ ont une grande part de responsabilité de cette chute. Nous ne savons plus où trouver des sources d'information fiables.[1] Mais cela n'est pas suffisant pour faire changer les stratégies adoptées par les géants du numérique. Il n'existe aujourd'hui peu ou pas de soutien des gouvernements pour faire face à cette addiction au numérique et à cette manipulation de masse.

une utilisation massive des données numériques

As-tu déjà entendu parler de l'affaire Cambridge Analytica ? Lors des élections au Royaume-Uni déterminant la concrétisation ou pas du Brexit (sortie de l'Union Européenne), Facebook avait vendu des millions de données d'utilisateurs anglais à l'entreprise Cambridge Analytica. Celle-ci avait analysé le profil de millions d'utilisateurs vivant au Royaume-Uni. Ces informations ont été utilisées par un des partis politiques anglais pour mieux comprendre les besoins et les préoccupations des électeurs pour ensuite orienter leur vote à travers éventuellement des *fake news* sur les réseaux sociaux. La même stratégie a été utilisée lors des élections américaines en 2016 par un des partis politiques. Celle-ci fut un élément clé de la campagne présidentielle car aux États-Unis, 45% des adultes américains utilisaient Facebook pour s'informer. D'ailleurs, le proverbe dit que : "if you can make it trend, you can make it true (si tu peux le rendre à la mode, tu peux le rendre vrai)". C'est le danger des *fake news*.

Mais, à partir de quand Internet est devenu un outil essentiel dans les campagnes présidentielles américaines ? En 2008, lors de la campagne présidentielle, l'équipe de Barack Obama comprit l'importance de l'essor d'Internet. Celui-ci permit à Barack Obama d'atteindre un maximum d'électeurs ainsi que de financer sa campagne à travers de micro-dons de particuliers. Or, lors des élections en 2016, ce n'était plus Internet mais plutôt les réseaux sociaux et les smartphones qui furent utilisés. L'accès aux données personnelles d'une partie des électeurs permit de modifier, pour ne pas dire manipuler, leur intention de vote.

En tout, Cambridge Analytica utilisa les données personnelles de plus de 87 millions d'utilisateurs de Facebook sans leur consentement, incluant des discussions privées. Lors de l'investigation sur cette affaire, on découvrit que Facebook détenait non seulement des données de santé de ses utilisateurs mais aussi sur des personnes qui n'utilisaient pas Facebook. Enfin, on suppose que Cambridge Analytica aurait apporté ses services dans d'autres élections partout dans le monde.

Mais ne nous étonnons pas des services de Cambridge Analytica. Une grande partie des réseaux sociaux monitorent déjà nos activités sur Internet à travers les <u>cookies</u>, même quand nous n'y sommes pas connectés. Comment ? Ils analysent les cookies conservés sur notre ordinateur ou smartphone entre la dernière connexion et l'actuelle.

Depuis les dernières années, les réseaux sociaux sont passés d'entreprises technologiques à des entreprises de monétisation. 30 ans en arrière, la Silicon Valley vendait des produits. Depuis 10 ans, elle vend ses utilisateurs et leur temps d'écran. L'idée commune de "Si c'est gratuit, c'est toi le produit" est à présent obsolète. D'abord, même quand nous payons nous sommes le produit. Ensuite, nous ne sommes plus le produit. Ces entreprises cherchent graduellement à changer nos habitudes et nos convictions pour nous faire aller dans la direction qui les intéresse ou dans celle des clients qui les ont payés. Le <u>Big Data</u> est là pour les aider. Les données récoltées par ces géants ne sont plus utilisées exclusivement pour gagner de l'argent mais aussi pour prédire nos futurs comportements.

Voici deux exemples d'utilisation de nos données :

- utilisation des données de géolocalisation : si nous tapons sur la barre de recherche de Google "changement climatique", Google n'affichera pas le même résultat selon où nous nous trouvons. Dans certains pays, les recherches afficheront "le réchauffement climatique est un mythe" et dans d'autres "le réchauffement climatique, une urgence internationale".

- il y a de plus en plus souvent des conflits sociétaux ("black lives matter", "les militants de droite contre les militants de gauche", "les républicains contre les démocrates" ou "les extrémistes blancs contre les extrémistes noirs"). Comment expliquer cette polarisation de la société ? En partie, c'est parce que sur les réseaux sociaux, nous ne recevons pas la même information pour un même sujet. Nos habitudes sont analysées et le contenu affiché est adapté à nos convictions et à nos croyances. D'où qu'un votant de droite ne recevra pas des nouvelles favorables sur le parti de gauche mais plutôt l'inverse. Et vice-versa.

les GAFAM, une puissance presque divine

Sommes-nous réellement libres de nos choix et de nos idées ? Sommes-nous manipulés ? Comment les autorités comptent faire face au pouvoir démesuré des géants du numérique ?

A eux seuls, les GAFAM représentent l'équivalent de 60% du PIB européen. D'autre part, l'armée américaine investit chaque année dans les GAFAM. Ils sont une source non négligeable de renseignements à l'échelle globale.

Les GAFAM interviennent aussi dans la stratégie de défense nationale américaine. A travers la loi fédérale « *Cloud Act* », les instances de justice américaines peuvent contraindre les fournisseurs de services établis sur le territoire des États-Unis à fournir des données relatives aux communications électroniques d'un individu, qu'il soit situé sur le sol américain ou à l'étranger, sans l'obligation d'informer ni l'individu concerné, ni son pays de résidence ni le pays conservant les données.

Puis, si l'on compare les trois leaders actuels du numérique (Google, Apple et Amazon) aux leaders d'hier (General Motors et Chrysler), ils disposent d'une capitalisation boursière neuf fois supérieure à celle de ses prédécesseurs mais avec trois fois moins d'employés. En parallèle, à travers leurs lobbies, les entreprises du numérique influencent notre législation nationale et internationale pour la rendre favorable à leurs intérêts. A une question sur la diffusion de données de ses utilisateurs, le patron de Google répondit : « Si vous faites quelque chose et que vous ne voulez que personne le sache, peut-être devriez-vous déjà commencer par ne pas le faire ».[2]

De quoi s'inquiéter et se questionner sur la confidentialité de nos données numériques.

En résumé, les GAFAM et les BATX ont un impact très lourd sur l'environnement. Même si certaines de ces compagnies se tournent vers les énergies propres, leurs modèles d'affaire vont à l'encontre de leurs démarches environnementales. En plus de se tourner vers les énergies renouvelables, elles doivent prôner la sobriété numérique.

12

LES RÉSEAUX SOCIAUX,
CATALYSEURS DE POLARISATION ?

*Facebook ne possède qu'un 1 modérateur de
contenu tous les 77 143 utilisateurs.*

les réseaux sociaux en savent plus sur toi que toi-même

Par exemple, avec 100 de tes likes, l'algorithme de Facebook sait prédire les 5 principaux traits de ton caractère. Avec 300 likes, Facebook sait mieux te décrire que ce que tu le ferais toi-même. C'est un exemple de comment notre activité sur les réseaux sociaux est analysée. Aujourd'hui, même la vitesse de déroulement de l'écran est analysée pour en déduire notre personnalité.

Une fois notre personnalité connue, les plateformes sociales l'utilisent pour nous convaincre, persuader ou manipuler. Prenons un exemple. Imaginons que Facebook sait que je suis plutôt quelqu'un de rationnel et que je base mes convictions sur des faits scientifiques. Alors, s'il souhaite me convaincre que le changement climatique n'est pas réel, il m'affichera des articles publiés dans des revues scientifiques allant dans cette direction. Il n'affichera pas une vidéo amateur sur YouTube parlant de cette même thématique car il sait que je n'y accrocherai pas.

le numérique, catalyseur de polarisation de la société ?

C'est un sujet d'actualité : quelles sont les responsabilités des plateformes sociales dans la polarisation de la société ? Pour essayer d'y répondre, regardons de plus près comment fonctionnent ces plateformes.

YouTube est actuellement programmé pour afficher à l'utilisateur des vidéos correspondant à ses recherches, à ses croyances, à ses goûts ou à ses habitudes. Pour une personne qui aime la randonnée, YouTube lui proposera des vidéos principalement sur la randonnée et pas sur la natation ou sur la course à pied. Cet exemple n'a rien de dangereux. Cependant, si nous extrapolons à la politique ou à la religion, cela devient plus sensible. Pour une personne avec des idéologies politiques de gauche, YouTube lui recommandera des vidéos de gauche et non pas de droite. Même stratégie pour une personne de droite. Ainsi, chaque partie de la société se renferme dans ses idéaux, refuse les arguments des autres et la société se polarise. Le problème est le suivant : pour un même sujet, une personne ne recevra pas les mêmes informations qu'une autre selon sa position géographique ou de son historique de recherche. En plus, il a été démontré que les algorithmes de YouTube favorisent le contenu extrémiste. On parle d'algorithmes extrémistes. Pour vérifier cela, je te propose de passer plusieurs heures sur YouTube à regarder des vidéos. Tu remarqueras qu'au cours du temps, les vidéos recommandées deviendront plus folles, plus extravagantes ou plus invraisemblables.[21]

70% des vidéos regardées sur YouTube sont recommandées par les algorithmes et non pas par nos recherches. Cela montre à quel point nous ne choisissons pas ce que nous regardons. Au moment d'une recherche, YouTube nous affiche que 10 vidéos parmi des millions de possibilités. Comment fait-il pour trier ? Cela soulève une problématique encore plus importante: l'éthique des algorithmes. Avec un si grand pourcentage de vidéos recommandées, les algorithmes de ces plateformes ont une énorme influence sur ce que nous regardons, nous

---

[21] Podcast. Your Undivided attention. 2020 et 2021.

entendons et nous pensons. Pour l'instant, l'être humain est encore nécessaire pour gérer les questions d'éthique. Pourtant, à titre d'exemple, Facebook ne possède que 35 000 modérateurs de contenus pour... 2,7 milliards d'utilisateurs, soit 1 modérateur pour 77 143 utilisateurs.

Enfin, la perte de confiance sur les médias classiques favorise davantage l'utilisation de plateformes numériques pour se renseigner sur l'actualité. YouTube est devenue ainsi la plateforme reine pour les vidéos extrémistes. En effet, ne pouvant pas diffuser leurs messages sur les médias classiques – journaux, télévision et radio –, ceux-ci se tournent vers les plateformes numériques. Du coup, le nombre de personnes regardant des vidéos extrémistes sur ces plateformes devient plus important. Les algorithmes comprennent alors que ces vidéos ont du succès et les diffusent à encore plus de personnes. Et c'est là où réside le danger : la propagation de vidéos à grande échelle portant des messages extrémistes ou menaçants.

leurs arguments de défense

Les plateformes sociales se défendent en argumentant qu'elles ne sont pas responsables du contenu publié par leurs utilisateurs ni de la polarisation de la société. Au contraire, elles favorisent la liberté d'expression. Cependant, ne confondons pas liberté d'expression et liberté d'atteinte. En anglais on parle de "freedom of speech versus freedom of reach". Puisque 70% des vidéos sur YouTube sont recommandées, YouTube a la responsabilité d'éviter la propagation de contenus extrémistes. Pour contrôler ces plateformes, les gouvernements disposent ici d'une piste d'action : réguler la recommandation de contenu. Par exemple, en surveillant le pourcentage de vidéos recommandées. Plus ce pourcentage sera bas, mieux ce sera.

Plutôt que de promouvoir des vidéos malveillantes, YouTube devrait promouvoir des vidéos nous apportant une valeur ajoutée, en ligne avec nos attentes. Si ce sujet t'intéresse, je te propose de visiter le site web d'Algotransparency.[22]

En 2021, le congrès américain avait déjà appelé à témoigner les différents responsables des principales plateformes de contenu social pour comprendre leurs responsabilités sur l'addiction numérique et sur la désinformation sur les réseaux sociaux. De ces audiences, deux conclusions sont à extraire. D'abord, une grande partie des responsables politiques ne comprend pas encore comment fonctionnent ces plateformes, leurs algorithmes et donc leurs modèles d'affaires. Il leur est donc difficile de réguler correctement ce secteur. Ensuite, l'autorégulation des GAFAM ne fonctionne pas. Le gouvernement doit réguler leur pouvoir.

13

LA LIBERTÉ D'EXPRESSION ET DE PENSÉE A L'ÈRE DU NUMÉRIQUE

L'excès de liberté ne peut tourner qu'en excès de servitude.
Platon

La liberté d'expression est depuis longtemps un sujet de débat. Où commence et où termine mon droit d'expression ? Ce débat se retrouve aussi dans les plateformes sociales. Ai-je le droit de publier ce que je veux sur les réseaux sociaux ? Que se passe-t-il si le contenu publié attaque une minorité, incite à la violence ou tout simplement véhicule une fausse information?

une liberté d'expression objective ?

Théoriquement, nous sommes libres d'exprimer nos pensées à condition de respecter autrui. Et dans la plupart des cas, c'est ce que nous faisons sur les réseaux sociaux. Où réside donc le problème ? Celui-ci apparaît lorsque cette liberté d'expression est utilisée dans un modèle d'affaires afin de gagner de l'argent ou de l'influence. Actuellement, le contenu que nous voyons sur les réseaux sociaux n'est pas affiché là par hasard. Il a été analysé et choisi en fonction de nos habitudes, de nos croyances et de nos peurs. Du coup, selon l'analyse que les algorithmes font sur nous, nous n'aurons pas le même contenu que nos voisins. Et il y a pire. Une fois catalogués, la plateforme sociale nous fournira toujours le même type de contenu. C'est là que les mouvements extrémistes apparaissent.

La polarisation de la société n'est pas un hasard, elle est accélérée par les algorithmes. Les réseaux sociaux se défendent: ils ne sont pas responsables du contenu publié par ses utilisateurs. C'est leur responsabilité. Cet argument peut se comprendre. Cependant, les réseaux sociaux ont la responsabilité sur la diffusion et l'amplification de ces messages. Un message raciste ou xénophobe lu par quelques dizaines de personnes ne sera pas très menaçant. Néanmoins, si ce même message est amplifié par les algorithmes des réseaux sociaux et atteint des millions de personnes, cela devient très dangereux.

la nécessité de réseaux sociaux neutres

Comment utiliser les réseaux sociaux en sachant que toute l'information affichée a été sélectionnée selon nos goûts et nos peurs ? Certains diront que cette manipulation est là depuis que les médias existent. Il est clair que chaque média, souvent financé par des particuliers ou des entreprises privées, défendront leurs intérêts. Cela fait partie de la liberté et de la démocratie. A différence des médias classiques, visant un ensemble de personnes d'une même idéologie, les réseaux sociaux, qui se veulent neutres, à travers leurs algorithmes influencent individuellement le comportement et les croyances de chacun d'entre nous. Imagine cette réalité dans la santé publique. Imagine que ton docteur te donnerait les médicaments les plus chers pour gagner plus d'argent plutôt que ceux qui te guérirait le mieux ! C'est le cas pour les réseaux sociaux. Il existe une asymétrie de pouvoir entre les utilisateurs, candides du danger, et les superordinateurs des réseaux sociaux qui détectent la plus petite faille dans notre comportement pour nous retirer de l'information et nous vendre un produit. Le problème réside dans le fait qu'actuellement les réseaux sociaux ne sont pas régulés par la loi. Nous ne savons pas dans quelle catégorie les placer : médias, magasins, e-shops, centre de rencontres, entreprises privées ? C'est sur cette ambiguïté que jouent les réseaux sociaux pour échapper à une législation plus stricte.

Pourtant, il existe des alternatives aux GAFAM, plus responsables et moins invasives. Le réseau social Mastodon est une alternative à Facebook et PeerTube est une alternative à YouTube.

Dans les années à venir, les géants du numérique ne devraient plus batailler uniquement pour montrer lequel de leur service protège le mieux nos données mais aussi lequel sera le plus bienveillant vis-à-vis de ses utilisateurs.

14

L'ADDICTION AU NUMÉRIQUE

Les gens ne lèvent plus les yeux au ciel.
Il pourrait devenir violet et personne ne se rendrait compte.
Black Mirror

Addiction : "Processus de dépendance, plus ou moins aliénante, à des toxiques ou à des comportements". C'est la définition fournie par le dictionnaire Larousse. L'addiction au numérique rentre dans cette définition. Le mot "aliénante" indique que nous ne sommes plus maîtres de nos actes et de nos volontés. Or, c'est exactement ce qu'il se passe aujourd'hui avec le numérique. Dès que nous surfons sur Internet ou sur les réseaux sociaux, notre conscience se dissocie de notre corps et nous rentrons dans un état "zombie". Nous passons des longues heures à faire défiler le fil d'actualité et à regarder des vidéos sans forcément y prêter attention.

Cette aliénation, largement répandue dans notre société, se retrouve principalement chez les plus jeunes. Cet état second de conscience est presque quasi-permanent. Pourquoi les jeunes ont-ils autant de mal à se concentrer à l'école ou en dehors ? Une des raisons serait qu'ils ne sont plus habitués à le faire. La technologie actuelle nous pousse à ne plus réfléchir, à être physiquement devant nos écrans mais mentalement ailleurs. La mauvaise et non maîtrisée utilisation du numérique est une des causes principales d'aliénation du XXIème siècle. Les bébés réclament de plus en plus tôt les écrans, les pré-adolescents ne se passent plus des smartphones et les adolescents ont un besoin vital de se retrouver dans cet état second pour retrouver leur deuxième "je", leur alter-ego numérique. Quant aux adultes, nous ne sommes même plus capables de reconnaître notre addiction.

les casinos : le paradis de l'addiction

Si tu es déjà rentré dans un casino, tu auras peut-être déjà remarqué que la moquette au sol ne dispose d'aucun angle droit. Pourquoi ? Inconsciemment, quand nous voyons un angle droit au sol, nous tendons à nous arrêter ou à réfléchir. C'est psychologique. Or, un casino ne veut surtout pas que ses clients s'arrêtent ou réfléchissent. Réfléchir à l'argent perdu, aux probabilités de gagner ou à la pertinence d'être au casino. Plutôt que des angles droits, les casinos préfèrent les angles "courbés", nous guidant vers notre prochaine machine.

La stratégie des casinos a bien évolué lors de ces dernières décennies. Il ne s'agit plus uniquement de nous faire perdre de l'argent mais aussi de nous voler notre temps. Tout est fait pour que nous passons le plus de temps possible dans le casino : machines à faible mise où nous cumulons de faibles pertes sans s'en rendre compte et des machines où il faut jouer longtemps avant de gagner un prix. Même les sièges pour s'asseoir devant les machines sont conçus pour nous garder assis le plus longtemps possible ! Ils sont conçus pour faciliter au mieux la circulation sanguine dans notre corps et que nous n'ayons, biologiquement, pas de nécessité de nous relever.

le numérique : le nouveau casino 2.0 ?

L'industrie numérique s'inspire fortement des techniques d'addiction utilisées par les casinos pour nous concentrer sur les écrans et supprimer notre attention de tout ce qui nous entoure. Il existe plusieurs techniques pour nous rendre dépendants. Le premier est le *social gaming*, avec des jeux du style Candy Crush où nous passons des heures à y jouer. Ces types de jeux amènent la solitude. Un deuxième outil est le "feedback" rapide. Être bombardé de notifications et de messages en permanence pour éviter de nous séparer du smartphone. Puis, le troisième est la récompense aléatoire. Beaucoup d'applications et de jeux se basent sur ce système où l'utilisateur peut à tout moment recevoir un message, gagner des pièces d'or ou recevoir du nouveau contenu. Ces techniques sont uniquement trois exemples parmi le grand catalogue des techniques pour l'addiction numérique.

Ainsi, nous retrouvons de nombreuses analogies entre ces deux industries. Par exemple, celle des angles droits. Regarde dans ton smartphone. Remarques-tu que la plupart des symboles des applications mobiles sur les smartphones ont des bords arrondis ? Pareil sur les réseaux sociaux. Pas d'angles droits. Puis, comment réussissent les réseaux sociaux à nous tenir scotchés devant nos écrans ? C'est en partie à travers le suspens. Au casino, face à une machine à sous, nous allons baisser le levier et attendre que le résultat gagnant s'affiche sur l'écran. Pour le numérique, c'est pareil. Sur les réseaux sociaux, le défilement infini du fil d'actualité est l'analogie du levier au casino. A chaque fois que nous faisons défiler l'actualité, notre cerveau attend impatiemment la prochaine publication comme s'il s'agissait d'une combinaison gagnante. Et tout cela en ne bougeant notre pouce que quelques centimètres ! De la même façon, un « clic » (ex : *like*) sur les réseaux sociaux est assimilable à introduire une pièce dans une machine à sous. Nous ne savons pas quelle sera la conséquence de ce *like* : aurais-je un retour de l'auteur de la publication ? De nouveaux abonnés ? Un nouveau message ? Des *likes* en retour ? Enfin, les géants du numérique ont copié le système de "petites mises, petites récompenses" des casinos. Combien d'entre nous avons été piégés, ou sommes encore piégés, par ces jeux mobiles où nous devons construire un royaume, une ferme ou une île tout en recevant des pièces d'or toutes les minutes ? La quantité de pièces d'or reçues a été clairement calculée pour que ce ne soit pas trop - sinon le jeu serait trop facile - ni trop peu - au risque de s'ennuyer et de désinstaller le jeu.[22]

le numérique, promoteur de solitude

Avec l'utilisation actuelle de la technologie numérique, nous ne nous sommes jamais sentis aussi seuls, malgré l'interconnexion sociale. Cette technologie contribue, directement et indirectement, à la solitude : nous n'avons plus besoin d'échanger, d'écouter ni de comprendre d'autres êtres humains face à face. Tout devient numérique. Cet aspect pose un vrai problème d'interdépendance sociale. Depuis toujours, l'être humain a évolué en communauté et non pas en solitude. Pour la première fois dans notre évolution, la solitude devient prépondérante dans notre mode de vie.

Or, comment se fait-il que dans un monde si connecté, la solitude soit si ancrée dans la société ? D'abord, la solitude ne se définit non pas par le nombre d'échanges que nous avons, mais plutôt par le sens, la qualité et la profondeur de ces échanges. Certes, sur les réseaux sociaux nous pouvons discuter avec plusieurs dizaines de personnes à la fois. Mais combien d'entre elles savent réellement comment nous allons, quels sont nos sentiments, nos chagrins et nos tristesses ? Les discussions sont devenues souvent superficielles, répandant la solitude parmi nous.

D'autre part, les réseaux sociaux ont compris que c'est dans la solitude qu'ils nous retirent le maximum d'information. En anglais, il s'agit des états HALT : Hungry (affamé), Angry (faché), Lonely (seul) et Tired (fatigué). Ce sont à ces moments-là où nous sommes les plus propices à acheter des produits ou à adopter des nouvelles valeurs et opinions.[22]

Cette solitude s'explique aussi car nous nous efforçons plus à combler les attentes externes, celles de notre entourage, que les nôtres. Nous nous affichons sur les réseaux sociaux heureux. Pourtant, la solitude nous ronge. Plutôt que de satisfaire nos valeurs internes, nous privilégions les *junk values* (narcissisme, superficialité, égoïsme et mensonge). Des recherches ont prouvé que plus nous baserons notre vie à répondre aux exigences sociales externes, plus nous serons sensibles à la dépression.

Pour échapper à la solitude, les plus jeunes se tournent vers les jeux vidéo. Ils leur donnent l'impression d'être forts, puissants et d'appartenir à une communauté. Or, c'est lorsqu'ils ou elles se rendent compte que ces attributs n'existent pas dans leur réalité, que leur dépression et solitude augmentent jusqu'à en devenir parfois dangereuses.

le numérique et le développement des plus jeunes

L'utilisation du numérique de plus en plus précoce chez les jeunes a un impact sur leur développement. Certaines recherches (Rodgers, R.F., 2017) ont démontré que l'utilisation par les jeunes de certaines applications type Snapchat et Instagram induisent une modification de la conscience de soi et du rapport à l'image corporelle, jusqu'à exercer une influence chez les jeunes filles de 4 à 5 ans quant à leur comportement alimentaire. D'autre part, l'exposition fréquente à des images violentes impacte le rapport des jeunes vis-à-vis de la violence, en la rendant plus acceptable et normale.

D'autres études concluent que toute exposition régulière

aux écrans influe sur le développement de l'enfant. Selon une étude menée par Génération Numérique en 2017, près de 45% des filles et garçons entre 11 et 18 ans reconnaissent rester éveillés ou se réveiller la nuit pour aller sur Internet. 33% déclarent passer plus de 4 heures par jour sur Internet. Pendant le week-end, le temps d'écran représente jusqu'à 40% de leur journée. Ces habitudes numériques engendrent des déficits sensibles du sommeil, en quantité et en qualité (Carter B. et al., 2016). Or, le manque de sommeil entraine des conséquences importantes sur le développement cérébral et moteur des enfants et des adolescents, telle la stabilité émotionnelle, la mémorisation, la créativité ou l'attention (Desmurget, M., 2019). Les enfants et les adolescents surexposés aux écrans présentent des comportements plus irritables et une gestion des émotions plus chaotique que ceux qui sont peu exposés.

L'apprentissage de l'enfant se construit sur la base de ses interactions avec le monde tridimensionnel et sur l'interaction humaine à travers le langage, les actions, les gestes simples et la logique (Dr. Baton-Hervé, 2019). Les outils numériques ne doivent pas remplacer ces expériences mais plutôt être complémentaires et utilisées de façon contrôlée. Il a aussi été démontré que le numérique a un impact sur la raréfaction, chaque fois plus importante, des interactions au sein des familles. Réduire les rapports de l'enfant et de l'adolescent avec ses parents a une incidence sur son développement global, sur l'estime de soi et sur la qualité des liens envers les autres.

la détérioration du quotient intellectuel (QI) chez les jeunes

Dans un article de la BBC World News, paru le 30 octobre 2020, le neuroscientifique Michel Desmurget explique l'impact du numérique et des écrans sur le développement des jeunes.

Entre autres, l'expert signale que les enfants vivant dans les pays modernes sont « les premiers enfants à avoir un QI inférieur à celui de leurs parents ». C'est le cas en Norvège, au Danemark, en Finlande, aux Pays-Bas et en France. Néanmoins, il est encore difficile de connaître exactement l'impact provenant du numérique. Pourtant, des études prouvent que le temps d'utilisation de la télévision et des jeux vidéo est lié directement à la baisse du QI et du développement cognitif.

Mais comment le numérique peut affecter autant le développement du cerveau ? D'abord, le numérique modifie les principaux fondements de notre intelligence : la langue (interaction réelle face aux messages sur les réseaux sociaux), la concentration (face à l'économie de l'attention employée par les réseaux sociaux) et la culture (face à la simplification du contenu aujourd'hui affiché). Puis, le numérique diminue la qualité et la quantité des interactions intrafamiliales, diminue le temps dédié aux activités enrichissantes (la musique, la méditation, l'art, la lecture, les devoirs), favorise l'interruption du sommeil et augmente les troubles de la concentration, de l'apprentissage et de l'impulsivité.

De son côté, l'industrie numérique ne fait presque rien pour pallier toutes ces conséquences. Au contraire, les jeunes sont une ressource très lucrative !

Quelles seraient, dans un futur proche, les conséquences de cette numérisation incontrôlée chez les jeunes ? Une augmentation des inégalités sociales entraînant une division progressive de notre société. Les jeunes moins exposés aux écrans développeraient plus de capacités cognitives et se situeraient en haut de l'échelle sociale. Les plus exposés et les moins informés des risques du numérique incontrôlé rencontreraient plus de difficultés à apprendre, à s'exprimer, à se vendre et à vivre en communauté. Le futur de ces derniers est prédit dans l'article de la BBC World News : « Un monde dans lequel, grâce à un accès constant et débilitant au divertissement, ils apprendront à aimer leur servitude. ». Le neuroscientifique Michel Desmurget conclut en signalant « qu'il n'y a tout simplement aucune excuse pour ce que nous faisons à nos enfants et pour la façon dont nous mettons en danger leur avenir et leur développement ».

les algorithmes responsables

Pour réduire l'addiction au numérique et la prolifération de messages extrémistes, il est urgent de réguler les algorithmes et de promouvoir des algorithmes plus responsables. Un algorithme, de par sa nature, n'a pas encore d'éthique ni de morale, d'où la nécessité que l'être humain intervienne dans ce processus de recommandation de contenu. Il n'est plus possible de laisser des ingénieurs et des neurologues analyser et manipuler nos faiblesses pour nous rendre addictes. Une solution serait de mettre en place des mécanismes d'alerte dans les applications pour smartphone. Par exemple, "attention, tu as passé deux heures devant l'écran". Cela peut tout aussi bien avoir un impact positif, de réveil, mais aussi négatif, où l'utilisateur se sentira mal sur le temps passé devant son écran et replongera davantage dans sa solitude numérique.

D'autre part, il a été conclu que la mauvaise utilisation du numérique représente un danger pour la santé publique. Les défenseurs de la non-régulation des algorithmes s'y opposent : ils parlent d'addiction rationnelle. Ils citent l'exemple du tabac. Selon eux, le fumeur est conscient de ses actes et décide librement de fumer. Ils argumentent pareil pour le numérique.

La conclusion : l'autorégulation de ces plateformes n'est pas possible car elle se confronte à un modèle économique basé sur le temps d'écran : il s'agit de l'économie de l'attention. Comme pour les casinos.

revenir à un état de conscience

Il est urgent de laisser de côté cet état "zombie" et de revenir à un état conscient. Les réseaux sociaux reconnaissent quand un utilisateur se trouve dans cet état "zombie". Aujourd'hui, il existe une asymétrie de pouvoir : les plateformes sociales disposent de superordinateurs et d'intelligence artificielle pour nous manipuler alors que nous disposons uniquement de notre cerveau primitif pas encore adapté à ces technologies. Cette asymétrie de pouvoir assure une société "zombie". Or, un état de conscience est un état où l'on est libre de choisir. Si nous étions conscients de cette réalité numérique, choisirions-nous d'utiliser les plateformes telles que nous le faisons actuellement ?

15

L'ÉCONOMIE DE L'ATTENTION

« Pourquoi j'ai mal aux yeux ? »
« Tu vois clair pour la première fois. »
Matrix.

Au cours du XXIème siècle, les plateformes sociales et les entreprises du numérique ne bataillent plus uniquement pour nous vendre un produit ou un service. Aujourd'hui, les géants du numérique recherchent surtout à retenir notre attention le plus longtemps possible. Celle-ci est l'élément clé dans leur modèle d'affaires. Au XIXème, l'or fut la raison pour laquelle des milliers d'américains et d'entreprises traversèrent les États-Unis de bout en bout. Ensuite, ce fut la recherche et l'exploitation du pétrole qui motiva l'être humain à explorer les territoires inconnus. Aujourd'hui, il ne s'agit plus de puiser dans des mines ou dans la terre, mais de puiser dans les êtres humains. C'est une ruée vers l'attention. Il s'agit de l'économie de l'attention.

Or, comment captent-ils notre attention alors que nous vivons dans un monde plein d'interruptions ?

la fracture de l'attention

En 2004, notre concentration se brisait toutes les 3 minutes. Ce temps, apparemment très court, serait actuellement une utopie. En 2016, une étude révéla que devant les écrans notre attention était interrompue toutes les 40 secondes, soit 4 fois plus souvent qu'en 2004. Des études similaires menées sur le cinéma et la télévision corroborent ces chiffres : en 1950, un plan moyen à la télévision durait 30 secondes. En 2010, cette moyenne tombait à 3,5 secondes.

la culture de la multitâche au travail

L'arrivée du numérique au bureau amène une nouvelle culture de travail : la multitâche. Prônée comme la solution ultime pour augmenter la productivité, cette culture pousse les salariés au maximum de leur concentration, de leur mental et de leur physique. Habitués à faire plusieurs tâches en parallèle, notre attention a du mal à se concentrer sur une en particulier.

Les emails et nos boîtes électroniques sont un bon exemple de fracture d'attention. En moyenne, au travail, nous consultons chaque jour 74 fois notre boîte email. L'email est devenu un symbole de travail et de performance. Plus nous envoyons d'emails, plus les autres pensent que nous sommes productifs. L'augmentation du nombre d'emails entraîne l'augmentation du stress au travail. Des études complémentaires à cette conclusion démontrent que des salariés ne recevant pas d'emails, ou un très faible volume, réduisent leur stress et augmentent la durée de leur concentration.

Voici quelques chiffres obtenus par Rescue Time à la suite d'une étude menée sur une journée de travail de 8 heures :

- consulter un email nécessite 32 secondes.
- nous passons uniquement 1h12 à être productifs sans être interrompus.
- nous passons 40% de notre temps à faire plus d'une activité en parallèle.
- 70% des emails sont ouverts ou lus dans les 6 secondes après avoir été reçus.

- il faut 64 secondes pour revenir à son activité précédente après la consultation d'un email.
- il faut 9 minutes pour revenir à sa tâche précédente lorsque l'email demande d'effectuer une tâche hors de la boîte email.

Ces chiffres datent d'avant l'ère des outils tels que Microsoft Teams ou Slack. Je te laisse imaginer les chiffres actuels. Il est à présent facile de comprendre l'augmentation de stress et de maladies liés au travail.

l'auto-sabotage de notre attention

50% des interruptions proviennent de l'extérieur : messages, appels et notifications. Les autres 50% proviennent de nous-mêmes. Pourquoi ? En fait, notre cerveau est tellement habitué à être dérangé en permanence que lorsqu'il ne l'est pas, il s'auto-sabote avec des réflexions telles que : "et si j'ai reçu un email et je ne l'ai pas vu arriver ?" ou "et si quelqu'un m'a appelé et je ne l'ai pas entendu ?". La technologie actuelle nous pousse à être de plus en plus productifs tout en étant de plus en plus interrompus. Voilà une des sources de stress.

se libérer de ces interruptions

La société est de plus en plus consciente de ce stress chronique et se tourne vers des méthodes de travail alternatives. La première consiste à modifier notre rapport aux emails et aux communications en général. Dédions plutôt un créneau pour consulter nos emails, et non l'inverse. Puis, désactivons toutes les notifications pour ne plus être interrompus. Enfin, utilisons des logiciels pour suivre le temps passé sur chaque logiciel. La productivité et le bonheur viennent lorsque nous nous concentrons sur une seule tâche à la fois.

Bonnes pratiques numériques

40. Dédier un temps spécifique aux emails et aux autres types de communication. En dehors de ce temps, se concentrer sur ses priorités.

41. Désactiver les notifications de nos smartphones et de nos ordinateurs pour plus de tranquillité.

42. Utiliser des logiciels pour maîtriser le temps passé devant les écrans.

16

L'URGENCE DE RALENTIR

La tranquillité de l'âme provient
de la modération dans le plaisir.
Démocrite

Notre façon de concevoir et d'appréhender le temps diffère selon les cultures. Néanmoins, nous pouvons affirmer que depuis quelques années, le temps semble s'être accéléré. Vivre et travailler dans l'urgence est devenu notre quotidien. En quoi le numérique participe-t-il à cette accélération du temps ? Et qu'est-il possible de faire pour le ralentir ?

l'immédiateté est devenue la norme

Tant au travail comme à la maison, l'urgence a pris le contrôle de notre quotidien. Avec l'arrivée du numérique, la quantité et la diversité de tâches à effectuer ont dramatiquement augmenté, en détriment souvent de leur qualité. Très souvent, nous sommes gouvernés par l'urgence, l'immédiat et non pas par les éléments importants ou simplement, nos valeurs. Le grand nombre d'emails, de messages instantanés et de plateformes sociales participent à l'augmentation de stress au bureau. Certes, les technologies numériques ont accéléré le temps d'envoi et de réception des informations. Cependant, les temps de réflexion et d'exécution des tâches n'ont pas augmenté. Nous nous retrouvons donc avec plus de tâches et moins de temps pour les réaliser.

L'hyperconnexion et l'hyperdisponibilité, deux sujets que nous avons déjà évoqués, sont deux conséquences de l'urgence dans laquelle nous vivons. C'est parce que nous sommes joignables à tout moment, hyperdisponibilité, que nous arrivons à travailler dans l'urgence. Et c'est parce que nous passons beaucoup de temps devant les écrans, hyperconnexion, que nous arrivons à effectuer ces tâches.

Or, les conséquences de vivre dans l'immédiateté se ressentent aussi dans notre système éducatif. Nos jeunes, et moins jeunes, habitués à obtenir toutes les informations en deux clics, ne sentent plus le besoin ni l'intérêt de dédier du temps à la réflexion ou à l'autocritique. L'apprentissage en profondeur et dans la durée a été remplacé par un apprentissage superficiel et express. On peut parler de *junk culture*.

la nécessité de rentabiliser le temps

Dans l'Antiquité, les Grecs avaient défini trois types de temps. Le premier est le *chronos*. C'est le temps physique et linéaire. Le deuxième est le *kairos*. C'est le temps ressenti par l'être humain, compris entre deux évènements. Par exemple, quand nous avons l'impression que le temps passe vite lorsque nous faisons une activité qui nous plaît. Le troisième est l'*aiön*. C'est le temps cyclique, comme celui des saisons. Ces trois notions de temps s'appliquent encore aujourd'hui.[22]

Avec l'arrivée de l'urgence et de l'immédiat, nous courrons derrière le temps. En fait, nous courrons derrière le *kairos*. Notre rapport au temps a changé. Il est devenu pour la plupart des gens un facteur limitant dans leur quotidien. Chaque minute compte et devient précieuse. Et c'est là en partie que réside le stress actuel. Cette pénurie artificielle de temps se retrouve

---

[22] Arte sur YouTube. L'urgence de ralentir. 2019.

autant dans la société comme dans l'industrie. Cette pénurie provient principalement de la volonté de rentabiliser notre temps.

accélération du capitalisme numérique

Le secteur financier est partiellement responsable de l'urgence et de la rentabilité du temps actuel. Pourquoi ? « Time is money (le temps est de l'argent) ». C'est une colonisation du temps humain par le temps économique. Le secteur financier est édifié sur un système nécessitant de plus en plus de pouvoir spéculer sur le temps, d'investir et de planifier à l'avance les futures valeurs du marché. Sans cette accélération, notre système financier s'écroulerait. Par exemple, les entreprises peuvent acheter aujourd'hui les actions à la valeur qu'elles auraient dans trois mois. Ces pratiques favorisent non seulement la spéculation mais aussi la compression du temps. C'est une course pour acheter les actions le plus rapidement possible.

Cette accélération a été possible grâce au numérique. Les brokers de Wall Street ont été la plupart remplacés par des algorithmes qui effectuent plus de transactions, se trompent moins souvent et coûtent moins cher. Aujourd'hui, 70% des transactions aux États-Unis sont faites à haute fréquence, c'est à dire par des algorithmes. En Europe, c'est 50%. Ce ne sont plus des personnes mais des machines qui décident du quotidien des finances mondiales. Cet exemple illustre à quel point la numérisation du secteur financier a un impact à l'échelle globale. L'accélération et l'augmentation du nombre de transactions posent aussi des problèmes juridiques. L'ASEC, l'organisme de contrôle de Wall Street, nécessite trois mois pour contrôler une transaction qui prend moins de trois minutes à être effectuée. D'où la difficulté des autorités à surveiller et à dépister toutes les fraudes fiscales en Bourse.[24]

Malheureusement, cela ne fera qu'empirer. Les banques, les institutions financières et les grandes entreprises ont compris l'importance de réduire au maximum le délai de leurs transactions en Bourse. Régulièrement, de nouveaux câbles de fibre optique sous-marins sont fabriqués et posés afin de diminuer le temps d'échange d'informations. Par exemple, en 2014, un nouveau câble de fibre optique sous-marin a été posé entre les États-Unis et Londres. Il a coûté 300 millions d'euros et a permis de gagner 5 millisecondes (5ms = 0,005s). Les câbles sous-marins sont non seulement des enjeux politiques, militaires et industriels mais aussi financiers.

une guerre numérique entre les banques

Pensais-tu que les guerres ne se produisaient que lors des conflits armés ? Détrompe-toi. L'arrivée de l'ère numérique a créé un nouveau type de guerre : la guerre numérique.

Après la lecture des paragraphes précédents, il est facile de comprendre que le secteur financier utilise la technologie numérique non seulement pour gagner plus d'argent mais aussi pour espionner et attaquer ses concurrents. Une partie des plus grandes banques mondiales dispose d'algorithmes d'observation et d'attaque. Le but est de découvrir les failles des algorithmes de leurs concurrents pour ensuite les affaiblir. Le Crédit Suisse possède l'algorithme *Guérilla* alors que celui de Goldman Sachs s'appelle *Sniper*. Ces algorithmes observent les autres algorithmes pour profiter d'une faille pour "tirer" et gagner plus d'argent. D'autres algorithmes achètent et revendent très rapidement des actions, en millisecondes, pour observer comment réagissent les autres algorithmes et ainsi prédire leurs futurs comportements. Tout cela a pour but d'acheter les actions aux prix les plus faibles pour les revendre aux prix les plus hauts.

Cette guerre numérique n'est pas exclusivement constituée d'algorithmes. Les entreprises jouent aussi sur l'emplacement de leurs centres de données. Plus le centre de données de la banque sera à proximité d'un câble de fibre optique transportant des données numériques, plus la banque aura accès rapidement aux informations financières. Le secteur financier n'économise pas de ressources lorsqu'il s'agit de gagner du temps, même pour 1 ms. Un ordre d'achat et de vente se passe en 37 ms, soit 1 350 plus court que pour cligner les yeux.[24]

une finance ... locale ?

La numérisation du secteur financier a entrainé l'accélération de notre économie, une course contre la montre pour rentabiliser notre temps, sans considérer les coûts et les conséquences. Pourtant, le numérique est aussi un outil pour ralentir ce secteur et le rendre plus local. Réfléchir en termes de finance locale c'est investir du temps sur la qualité de nos systèmes financiers, améliorer le rapport entre les entreprises, leurs clients, leurs valeurs et l'environnement. Le secteur financier a lui aussi des obligations pour limiter le réchauffement climatique.

Une finance plus locale c'est aussi moins de câbles de fibre optique, moins de centres de données, moins de spéculation et plus de temps et d'investissements à valeur ajoutée.

Le numérique peut contribuer à une finance plus locale en favorisant le déploiement de monnaies locales. Elles contribuent à développer le tissu industriel local et augmentent la qualité de vie des habitants. Les monnaies locales ne s'opposent pas aux monnaies internationales. Au contraire, elles sont complémentaires. Les monnaies locales sont déjà une réalité. Au Royaume-Uni, le maire de Bristol est payé en monnaie locale.

une finance ... responsable ?

Le premier pas pour rendre la finance responsable est de reconnecter ses priorités avec celles de l'humanité et de l'environnement. Le deuxième est d'utiliser la technologie numérique de façon responsable. Un exemple est de reprendre le contrôle des algorithmes pour éviter qu'ils dictent le futur à notre place. Un troisième pas est de dissocier le temps et l'argent. On parle de *slow money*.

En tant que société, nous avons un rôle important dans la transformation du secteur financier. Notre choix de banque et de nos placements ont un grand impact. Privilégions un futur où l'information ne remplace pas la connaissance, mais plutôt où elle la complète. Il ne s'agit pas d'aller plus vite mais d'avancer avec plus de sagesse.

17

LES PROJECTIONS ENVIRONNEMENTALES D'ICI 2025

*Mieux vaut prendre le changement par la main
avant qu'il nous prenne par la gorge.
Winston Churchill*

Au fil des chapitres, nous avons compris l'empreinte environnementale du numérique. Mais qu'en est-il des prévisions pour les années à venir ?

le décor actuel

Chaque année, le nombre d'utilisateurs du numérique ne fait qu'augmenter. Pourquoi ? Dans les « pays développés », la population accède de plus en plus tôt au numérique. Les enfants de dix ans utilisent déjà un smartphone ou une tablette, contrairement à il y a une dizaine d'années. Les personnes âgées accèdent aussi au monde numérique. Ensuite, pour le reste de la population, il y a clairement un suréquipement numérique. Nous changeons régulièrement notre smartphone ou notre téléviseur pour avoir le tout dernier modèle. Nous nous retrouvons ainsi avec plusieurs smartphones, une *smartwatch*, un robot aspirateur connecté, des enceintes Bluetooth, etc. Et ce phénomène ne fait qu'empirer. C'est encore pire dans les entreprises. La durée d'utilisation moyenne d'un smartphone est de 24 à 36 mois.

une société numérique

Nous vivons dans l'ère de la transformation numérique. Tout devient numérique. En 2012, 93% des transactions aux États-Unis furent numérique. D'autre part, les bibliothèques et la musique ont été rapidement remplacées par des applications mobiles ou de sites web. Les appareils photos Nikon ont été remplacés par les appareils photos des smartphones. Les cartes pour se repérer ont été remplacées par des applications GPS. Même l'État incite à la numérisation en nous poussant par exemple à payer nos impôts en ligne. Puis, portes-tu encore sur toi des billets et des pièces de monnaie ? Quel ringard diront certains ! Tous ces nouveaux services numériques nous apportent certes une commodité à notre quotidien. Mais à quel prix ?

l'accès à Internet se répand

De nombreux pays du « tiers monde » et en « développement » accèdent aussi rapidement au numérique. Chaque année, la vente de smartphones et d'autres objets connectés dans ces pays s'accélère. En 2017, 100 millions de smartphones ont été livrés en Afrique Sub-Saharienne. 300 millions sont aussi prévus en 2023. Paradoxalement, l'arrivée du numérique de ces nouveaux pays n'est pas le catalyseur principal de la pollution numérique. Le suréquipement actuel des « pays développés » représente un plus grand impact environnemental que le développement numérique de certains pays du « tiers monde ».

la législation sur le numérique

Malgré leur faible nombre, les lois internationales sur le numérique se développent à grande vitesse. C'est le cas de la loi REEN en France ou, plus indirectement, des nouvelles législations européennes sur l'empreinte carbone des grandes organisations. Pourtant, même si la législation prospère, elle n'est encore pas assez mature. Ainsi, les grands acteurs du numérique en profitent pour s'enrichir davantage. Ils n'ont aucun intérêt à promouvoir un numérique responsable et durable. Pourquoi seraient-ils favorables à augmenter la durée de la garantie légale d'un équipement électronique ? Pourquoi seraient-ils favorables à limiter l'utilisation de la 4G ou de la 5G et de favoriser la <u>low-tech</u> ? Le manque de législation entraîne un impact environnemental énorme.

Ils ont tout intérêt à ne pas rendre publique cette pollution. Ils vont au contraire vendre cette transformation numérique comme nécessaire, immatérielle et vitale à notre évolution. Combien de publicités as-tu déjà vues sur les bienfaits du *Cloud*, sur la performance de la 5G ou sur le nouveau smartphone qui reconnaît ta voix et ton visage pour se débloquer ?

l'évolution du numérique d'ici 2025

En nombre d'équipements, la taille de l'univers numérique quintuplera [x5] entre 2010 et 2025. Cela se traduit par deux à trois fois plus d'impacts environnementaux. Entre 2010 et 2025, l'empreinte écologique du numérique passera de 2,5% à un peu moins de 6% de l'empreinte totale de l'humanité. L'énergie consommée par le numérique sera multipliée par 2.9, l'émission de gaz à effet de serre par 3.1, la consommation d'eau par 2.4, la consommation de ressources naturelles non renouvelables par 2.1 et la consommation électrique par 2,7.

L'augmentation la plus considérable est celle des objets connectés et de l'informatique embarquée (IoT). Nous passerons d'un milliard d'objets connectés en 2010 à 48 milliards en 2025. Les téléviseurs et les objets connectés tripleront leur impact écologique : entre 5% à 15% des impacts en 2010 à 27% à 43% en 2025. Le doublement de la taille des écrans, d'une diagonale moyenne de 31 pouces en 2010 à 65 pouces en 2025, justifie cette augmentation.[11]

D'un point de vue géopolitique, le quintuplement du poids du numérique dans cette période ne fera qu'augmenter les tensions sur les minerais dits « de guerre », situés en Afrique et en Asie. Socialement, la popularisation des réseaux sociaux aura un énorme impact. Aujourd'hui, notre *e-réputation* (réputation sur Internet) est presque aussi importante que notre vraie réputation sociale et professionnelle. Ce constat ne fera que s'accentuer dans les prochaines années. Par exemple, en Chine, depuis 2020, une notation sociale des individus est en place. Un score citoyen note les comportements sociaux, qu'il s'agisse de leurs accidents de voiture, de leur absentéisme au travail, de leur consommation d'alcool, de leurs retards de paiement, de factures et des propos tenus dans la rue.

Enfin, techniquement, l'augmentation du flux de données numériques entraînera une croissance exponentielle des infrastructures pour transporter les données numériques. Par exemple, il est prévu de déployer pas moins de dix millions d'antennes relais 4G et 5G entre 2010 et 2025. A cela il faut ajouter l'apparition de nouvelles technologies, telles que les cryptomonnaies, l'intelligence artificielle et la blockchain.

18

LE NUMÉRIQUE, SOURCE DE PROGRÈS

Le progrès ne vaut que s'il est partagé par tous.
Aristote

Utiliser le numérique de façon abusive amène aux conséquences que nous venons de voir dans les chapitres précédents. Néanmoins, le numérique est aussi un vecteur de progrès environnemental, sociétal et économique.

notre confort au quotidien

Depuis les années 2000, le numérique a amélioré considérablement notre train de vie tout en nous faisant économiser de l'argent et du temps. Par exemple, la <u>domotique</u> permet de gérer à distance notre foyer et ainsi réduire les pertes énergétiques liées au chauffage ou à la climatisation. Les transports en commun ont aussi connu une considérable amélioration depuis l'arrivée du numérique : une meilleure ponctualité et gestion des billets de transport en sont quelques exemples. N'oublions pas la fiabilité actuelle des prévisions météorologiques ! Celles-ci se basent, entre autres, par l'amélioration des calculs statistiques ainsi qu'à la récolte d'une grande quantité de données numériques.

accès à plus d'information

Sans aucun doute, un des domaines qui bénéficie le plus de l'arrivée du numérique est l'accès à l'information sur Internet.

Nous avons très vite oublié tout le temps que nous passions à la bibliothèque à chercher l'information dans les livres ! Aujourd'hui, en deux clics, n'importe quelle information nous est disponible. Qui ne s'est jamais servi de Wikipédia pour un travail, un exposé ou une simple recherche ?

L'accès à l'information en ligne a facilité l'apparition des formations en ligne. Celles-ci, outre le fait de compléter notre formation scolaire, ont formé des personnes qui, par leur localisation géographique ou leur statut social, n'auraient pas pu y avoir accès. L'information en ligne a ouvert aussi le chemin au télétravail. Le télétravail, utilisé correctement, réduit significativement les émissions CO_2 de l'employé. Enfin, les réseaux professionnels tels que LinkedIn et Indeed offrent la chance de postuler à des offres d'emplois dont nous n'aurions jamais eu écho auparavant.

quand la distance n'est plus un problème

Le numérique a brisé toutes les barrières géographiques et temporelles. Avec les applications mobiles et les réseaux sociaux, nous n'avons jamais été aussi proches de nos familles et amis se trouvant loin de nous. Ce phénomène s'est montré très efficace pendant les différents confinements sanitaires.

une avancée médicale sans précédents

La biotechnologie et les progrès en médecine illustrent à quel point le numérique peut transformer positivement nos compétences. Aujourd'hui, certains algorithmes détectent les tumeurs mieux que certains spécialistes. L'intelligence artificielle arrive à prédire, dans certains cas, les probabilités qu'un patient développe une maladie spécifique. Ne dit-on pas « mieux vaut prévenir que guérir » ?

l'agriculture, grande bénéficiaire du numérique

Aujourd'hui des satellites sont utilisés pour repérer des surfaces terrestres avec des problèmes de sécheresse ou avec des opportunités de reforestation. Le numérique contribue à l'optimisation de l'utilisation des ressources naturelles.

l'apogée de l'innovation et de la créativité

L'accès à l'information et la facilité des mises en relations contribuent grandement à l'apogée de l'innovation et de la créativité. Dans ces moments où l'Humanité a besoin plus que jamais d'idées pour résoudre ses enjeux climatiques, le numérique devient un outil précieux. Partager nos idées, nos projets et notre savoir-faire est un catalyseur nécessaire pour soutenir l'innovation et la créativité humaine.

la numérisation des entreprises

Le numérique a amené aux entreprises une nouvelle façon de travailler. Il leur a permis d'étendre leur renommée, de réduire leurs dépenses, d'augmenter leurs ventes, d'augmenter l'efficacité de leurs procédés et surtout de se rapprocher à la fois de leurs clients mais aussi de leurs salariés.

l'automatisation des tâches

La robotisation et l'automatisation ont réduit le nombre de métiers qualifiés comme dangereux, pénibles et répétitifs.

un levier essentiel pour affronter le changement climatique

Avec l'augmentation de la température terrestre, les catastrophes naturelles sont et seront plus fréquentes et plus intenses. Le Big Data prédit l'évolution des cyclones et les périodes de sécheresses. Cela facilite le déplacement rapide des populations affectées. Le numérique est aussi un catalyseur pour améliorer l'efficacité de nos énergies renouvelables ainsi que pour réduire nos émissions de gaz à effet de serre.

Pour résumer, le numérique a amené, et amènera, de nombreux progrès technologiques, environnementaux et sociaux. La seule condition *sine qua non* est de l'utiliser de façon durable et éthique. Pour cela, il faudra intégrer les critères environnementaux et sociaux dans la numérisation, privilégier davantage la transparence des logiciels, la non-manipulation de nos comportements, garantir un vrai mode incognito dans nos recherches web et le droit de supprimer nos données numériques à tout moment. La transition numérique doit être un levier pour la transition environnementale. Imagine quelle serait notre force si nous mettions tout notre savoir-faire numérique au service du développement durable plutôt qu'à nourrir la société de consommation actuelle ! Pour limiter l'augmentation de la température terrestre, il faut faire converger transition numérique et transition environnementale. On parle de numérique responsable et de Green IT.

19

MAÎTRISER L'UTILISATION DU NUMÉRIQUE

*Celui qui dirige les autres est peut-être puissant, mais celui
qui se maîtrise lui-même a encore plus de pouvoir.*
Lao-Tseu

Ici tu trouveras des conseils, applicables dès maintenant, pour augmenter ton bien-être, reprendre le contrôle de ton temps numérique et réduire ton addiction numérique. Je te propose de le faire d'abord avec ton smartphone puis de partager ces conseils avec ton entourage. L'ensemble de ces bonnes actions individuelles créeront un puissant mouvement inarrêtable. Ensemble, limitons l'addiction au numérique !

Conseils

1. Désactiver les notifications

La couleur rouge utilisée souvent pour les notifications est un outil puissant pour attirer notre attention.

2. Désinstaller les applications dites toxiques

Il s'agit de toutes ces applications qui nous volent du temps, nous rendent addictes, polarisent la société ou véhiculent potentiellement des fausses informations.

Je te propose de :

- désinstaller Facebook Messenger et WhatsApp et d'utiliser Signal,
- désinstaller TikTok,
- désinstaller Snapchat,
- désinstaller Instagram et utiliser VSCO.

3. Télécharger des applications utiles

- Flux : dormir plus et supprimer la lumière bleue des écrans.
- Moment : surveiller le temps passé devant l'écran.
- News Feed Eradicator : réduire les distractions.
- Flipd : rester concentré sur tes objectifs.
- Insight Timer : méditer et pratiquer la pleine conscience.

4. Suivre des personnes avec des pensées différentes à la tienne.

Cette technique évite de recevoir uniquement des publications en ligne avec ton idéologie. Aux États-Unis, la plateforme AllSides offre, pour un même article de journal, différents points de vue. Par exemple, pour un article politique, il y aura l'avis des gens de gauche, du centre et de droite.

5. Être compatissant

Les réseaux sociaux se nourrissent de la haine pour générer plus d'engagement. Nous pouvons y faire face en apportant de la compassion.

- Faire une pause : avant d'écrire un commentaire ou de répondre à quelqu'un, souvenons-nous que derrière une publication il y a toujours un être humain. Ne nous précipitons pas à supprimer notre amitié avec lui ou à nous confronter publiquement avec lui. Réfléchissons avant d'écrire.

- Soyons compatissants : plutôt que de critiquer publiquement, envoyons un message privé à la personne pour lui demander pourquoi il/elle se sent comme cela, avec une vraie curiosité et une volonté de compréhension.

6. Mettre des barrières

Nous utilisons nos smartphones depuis notre réveil jusqu'au soir. Même dans les toilettes. Pour se libérer de leur emprise :

- libérer les matins et les soirées des écrans. Définir des moments sans technologie.

- organiser des repas sans dispositifs : pour cela, créer des défis avec la famille ou les amis. Le premier à consulter son portable sortira la poubelle ou lavera la vaisselle.

- créer un espace commun de chargement de dispositifs afin de charger le portable loin de la chambre.

- acheter un réveil. Cela évite de se réveiller en utilisant son smartphone.

- désactiver la lumière bleue. Elle trompe le corps en lui faisant croire qu'il est encore jour. Elle réduit aussi notre capacité à nous endormir.

7. Déconnecter complètement un jour par semaine

La déconnexion est un outil puissant pour se reconnecter avec soi-même et son entourage. Choisis un jour de déconnexion et communique-le à ta famille et à ton entourage.

8. Être positif

Si tu reçois 9 commentaires positifs et 1 seul négatif, à ton avis, sur lequel te concentreras-tu ? Notre cerveau, primitif, s'est toujours concentré sur le négatif à cause de notre instinct de survie.

- Prend des captures d'écran des messages positifs et conserve-les dans un dossier de ton smartphone. Concentre-toi sur ces messages positifs et ne te laisse pas dominer par la haine, la peur ou la jalousie.

- Pratique la gratitude envers les autres. Envoie des messages positifs à ton entourage avec, par exemple, les applications Tribute ou Montage.

9. Privilégier le journalisme local

N'oblige pas ton journal local à utiliser les mêmes stratégies que les réseaux sociaux pour se financer. Une façon de l'aider est de payer son abonnement. La démocratie n'existe pas sans un journalisme sain.

10. Réduire les distractions

Pour cela, je te propose les outils suivants :

- Distraction-Free YouTube (Chrome) : il supprime les vidéos recommandées sur la barre latérale de YouTube, évitant de te faire attraper par des vidéos proposées par les algorithmes.

- Facebook Newsfeed Eradicator (Chrome) : il supprime le fil d'actualité de Facebook et masque les notifications. Cet outil garanti l'utilisation des avantages de Facebook sans être prisonnier de son fil d'actualité.

- uBlock Origin (Chrome, Safari, Firefox) : il augmente jusqu'à 40% de ton attention lorsque tu lis des articles en bloquant les publicités et le tracking (suivi).

- InboxWhenReady (Gmail) : cet outil affichera la boîte de réception de ton courriel électronique que si tu appuies sur le bouton « Show Inbox ». Les emails ne seront plus une distraction.

CONCLUSION

*La technologie ne sera jamais plus
écologique que nous le serons.*
Guillaume Pitron

le futur nous appartient

En France, ce sont les gens des années 68 et leur esprit qui ont fait chuter la société industrielle des années 80-90. En Mai 1968, la France entière s'arrêta de travailler. Cette pression populaire leur permit d'atteindre leurs objectifs sociaux.[2] Pourquoi ne pas faire pareil ? Pourquoi nous ne prendrions pas en main notre futur numérique et nos libertés ? Pourquoi devrions-nous laisser quelques compagnies très bien cotées en bourse décider de notre futur ? L'avenir du numérique n'est pas écrit. Au contraire, il s'écrit maintenant.[1] Reprenons en main notre futur, nos convictions et nos idées. Ne nous laissons plus manipuler et influencer. Ne perdons pas autant de temps devant un écran. Profitons de la vie.

Chacun d'entre nous a un rôle important à jouer. La communication horizontale - discussions en famille, avec nos amis et nos collègues - a souvent plus d'impact que la communication verticale - autorités, médias et hiérarchie. Le bouche-à-oreille- est très puissant. L'effet de mimétisme est puissant dans notre société. D'autre part, notre cerveau est fortement influencé par l'opinion sociale puisque nous évoluons en communauté. Nous tendons à croire plus facilement ce que la majorité croit. La norme sociale gouverne notre quotidien. Par exemple, dans le passé, fumer était bien vu par la société. Maintenant, la cigarette est de moins en moins populaire. L'industrie s'adapte et est influencée par la norme sociale.

Nous vivons un moment exceptionnel pour l'humanité : la société est prête à changer pour limiter l'impact du changement climatique. Profitons de cette inertie pour adapter notre quotidien aux enjeux actuels.

Partageons les informations de ce livre avec le maximum de personnes pour les sensibiliser à la pollution numérique.

se libérer des faux besoins

A travers la publicité, la société de consommation maintient l'illusion de la pénurie et du manque au sein de notre société d'abondance. Lors du célèbre Black Friday, qui par ailleurs maintenant se prolonge parfois une semaine, nous sommes incités à acheter toujours plus alors que nous n'en avons pas le besoin. En se libérant des besoins superficiels, la raison répressive fera place à la raison rationnelle de la satisfaction et du bonheur. Ainsi, nous achèterions ce qui est nécessaire et non plus ce qui est désirable.[2]

le futur du numérique responsable

Favorisons un numérique bio, éthique, équitable, local et accessible à toutes et à tous. Privilégions la low-tech pour les utilisations de masse (messageries instantanées, télétravail, emails, vidéos en ligne, appels et réseaux sociaux) et privilégions la 4G et la 5G pour les technologies critiques telles que la santé, l'agriculture, l'éducation et le transport. C'est le seul moyen de diviser par quatre les gaz à effet de serre entre 1990 de 2050. Nous avons compris qu'une utilisation durable et éthique du numérique amène d'importants progrès dans notre confort, par exemple en médecine, en communication, dans l'accès à l'information et à la formation ainsi qu'à une meilleure efficacité professionnelle. Dans cette optique, le numérique devient un puissant levier pour la transition environnementale.

Soyons alors conscients de l'impact négatif de la surconsommation numérique. Le numérique doit être au service de l'Humanité et non pas le contraire. Punissons les entreprises numériques nous rendant addictes. Favorisons les acteurs et les comportements exemplaires et vertueux. Le numérique doit étendre la liberté et les connaissances de l'être humain et non pas le rendre son esclave.

BILAN

*Choisir un futur technologique c'est
choisir un certain avenir social.*
The Shift Project

Hélas, ce voyage numérique touche à sa fin. Nous avons analysé les principaux piliers composant l'empreinte environnementale du numérique. Tout au long de ce livre, nous avons constaté un paradoxe : le numérique est à la fois un levier essentiel pour notre développement et notre survie et, lorsqu'il est utilisé incorrectement, celui-ci nous amène encore plus rapidement vers le désastre écologique. Nous, lecteurs, sommes partie du problème mais aussi de la solution.

Par ailleurs, après la lecture de ce livre, comment continuer à utiliser le numérique et les réseaux sociaux comme avant ? Comment réduire notre temps d'écran alors que notre cerveau nous en demande à chaque fois plus ? Comment lutter contre cette drogue numérique que certains géants du Web nous donnent et qui ne vont à aucun prix arrêter de nous fournir ? Comment continuer à changer de smartphone tous les ans alors que nous connaissons la quantité d'eau et de matières premières utilisées pour leur fabrication ? Comment lutter contre les géants du numérique qui à eux seuls monopolisent non seulement le marché technologique, mais aussi le pouvoir juridique et politique ?

La réponse réside dans l'accès à l'information et dans la sensibilisation. Plus nous en saurons sur cette pollution, plus nous saurons lui faire face. N'est-ce pas vrai que depuis que nous savons que le plastique est toxique pour l'environnement, nous nous sommes mis à réduire son utilisation et à le recycler davantage ? N'est-ce pas vrai que, depuis que nous savons que les gaz à effet de serre jouent un rôle clé dans le réchauffement climatique, nous essayons de réduire leurs émissions ? Pour l'empreinte environnementale du numérique, les solutions sont l'accès à l'information et la sobriété numérique.

Le numérique est clairement un levier contre le changement climatique. On parle d'IT for Green. Cependant, utilisé incorrectement, il est un puissant catalyseur de réchauffement climatique. A présent, c'est à mon tour de te poser une question : es-tu prêt.e à agir pour réduire ton empreinte numérique connaissant maintenant ce qui s'y cache derrière ?

Le choix est entre tes mains.

« Ne doutez jamais qu'un petit groupe de citoyens engagés et réfléchis puisse changer le monde. En réalité c'est toujours ce qui s'est passé. »
Margaret Mead

« Une façon d'ouvrir les yeux est de se demander : et si je n'avais jamais vu ça avant ? Et si je savais que je ne le verrai plus jamais ? »
Auteur inconnu.e

A PROPOS DE L'AUTEUR

Ivan Mariblanca Flinch, né en 1994, est originaire d'Andorre. Ingénieur de formation, Ivan se questionne depuis longtemps sur la place des technologies dans notre quotidien. De nature optimiste mais réaliste, il a pour but de changer la culture et l'utilisation du numérique à l'échelle globale.

Début 2020, il se lance dans le Numérique Responsable. Il démarre son projet MIKUJY, anciennement Canopé, où rapidement d'autres personnes le rejoignent dans sa vision de réduire l'empreinte environnementale de la technologie. En quelques années, MIKUJY devient le référent suisse du Green IT et démarre ses activités à l'international.

Aujourd'hui, Ivan fait partie des 30 experts européens reconnus par l'Institut européen du Numérique Responsable. Il est co-responsable du comité scientifique du Swiss Institute for Sustainable IT et est co-auteur du rapport « Numérique responsable en entreprise : où en est la Suisse ? ».

A présent, MIKUJY accompagne les grandes entreprises, les PME et les administrations publiques dans leurs démarches Green IT et dans leurs certifications. C'est en 2022 que MIKUJY fait le grand pas, en proposant une plateforme web, CircularIT, pour automatiser la mesure et la réduction de l'empreinte environnementale de l'IT ainsi que la sensibilisation ludique des collaborateurs à la pollution numérique et aux bonnes pratiques associées. La plateforme est déjà disponible en 5 langues et est présente dans plusieurs pays.

REMERCIEMENTS

Je tiens à remercier spécialement toutes les personnes ayant contribué à l'écriture, à la relecture et à la mise en page de ce livre. Ainsi, je remercie spécialement Estelle Brabant pour la magnifique couverture de ce livre. Puis, je remercie également Lola et Sao pour leurs précieuses contributions. Enfin, je souhaite aussi te remercier pour ton temps et ton intérêt sur ce sujet.

Te dire aussi que j'ai pris un grand plaisir à partager toutes ces informations avec toi. Dis-toi qu'au moment de l'écriture de ce livre, j'étais à ta place à découvrir des chiffres surprenants, des pourcentages affolants et des prévisions angoissantes ! J'espère t'avoir apporté un point de vue différent sur le numérique et sur son empreinte environnementale. A ton tour maintenant de diffuser ce message au plus grand nombre de personnes !

GLOSSAIRE

abiotique

Les ressources abiotiques sont des ressources non ou difficilement renouvelables.

algorithme

Processus constitué par un ensemble d'opérations et de règles opératoires données pour un calcul.

alter-ego

Désigne un second Soi considéré comme distinct de la personnalité normale d'une personne.

big data

Anglicisme informatique. Ensemble de données informatiques collectées à très grande échelle.

cookie

Un cookie est un fichier conservé sur le disque dur du dispositif de l'utilisateur permettant au serveur web de le reconnaître d'une page web à l'autre. Il conserve les préférences de l'utilisateur afin de lui éviter de les ressaisir.

cycle de vie

Le cycle de vie d'un produit est l'ensemble de toutes les phases qu'il traverse, depuis l'extraction des matières premières nécessaires à sa fabrication jusqu'à son recyclage ou destruction.

domotique

La domotique est l'ensemble des techniques centralisant le contrôle à distance des différents systèmes de la maison.

énergie primaire

L'énergie primaire est l'énergie présente dans l'environnement et directement exploitable sans transformation.

équivalence CO$_2$ (CO$_2$e)

Masse de dioxyde de carbone qui aurait le même potentiel de réchauffement climatique qu'une quantité donnée d'un autre gaz à effet de serre.

fake news

Fausse information diffusée dans des médias de grande diffusion, dans un but politique, économique ou social.

fibre optique

Une fibre optique est un fil ayant la propriété de transmettre des données numériques.

hackaton

Un *hackaton* est un évènement durant lequel des groupes de développeurs volontaires se réunissent pendant une période spécifique de temps afin de travailler sur des projets de programmation informatique de manière collaborative.

hacker

Personne cherchant à contourner les protections d'un logiciel ou à s'introduire frauduleusement dans un système informatique.

homo digitalis

Citoyen de l'ère du numérique.

hyperconnexion

Caractère de l'être humain à vouloir être toujours connecté sur Internet et spécialement sur les réseaux sociaux.

hyperdisponibilité

Pouvoir se connecter à Internet à tout moment et depuis n'importe où.

intelligence artificielle

Ensemble des théories et des techniques développant des programmes informatiques complexes capables de simuler certains traits de l'intelligence humaine (raisonnement, apprentissage…).

internet

Internet est le réseau informatique mondial accessible au public. Il s'agit d'un réseau de réseaux, composé de millions de réseaux aussi bien publics, privés, universitaires, commerciaux et gouvernementaux.

low-tech

Ensemble de techniques numériques simples (ex : Wi-Fi et SMS).

minerai

Roche contenant des minéraux utiles (ex : or).

messageries instantanées

Messageries transmettant des messages à travers d'Internet, contrairement au SMS. Ex : WhatsApp ou Signal.

numérique

Désigne les technologies de l'information et de la communication, telles que les terminaux, le réseau de télécommunications et les centres de données.

numérisation

La numérisation consiste en la numérisation de documents afin de les sauvegarder sur un support informatique.

reconditionnement

Un équipement reconditionné désigne un produit ayant déjà été vendu au moins une fois et ayant été repris afin de suivre le processus de reconditionnement avant d'être commercialisé à nouveau « comme neuf » par un professionnel. Ces produits sont testés afin de garantir, d'une part, leur bon fonctionnement, et d'autre part la conformité du produit par rapport à un produit neuf. De ce fait, il est garanti pendant un temps. De son côté, un objet d'occasion n'a pas forcément de garantie et peut être vendu de particulier à particulier.

terres rares

En raison de leurs propriétés géochimiques, les terres rares sont réparties très inégalement à la surface de la Terre, le plus souvent en-dessous des concentrations rendant leur exploitation minière économiquement viable. Elles se mélangent facilement à d'autres minerais, rendant leur séparation difficile et onéreuse.

world wide web

Le Web permet de consulter, avec un navigateur, des pages accessibles sur des sites web, le courrier électronique, la messagerie instantanée et le partage de fichiers entre pairs.

BIBLIOGRAPHIE

1 - Frédérique Bordage. Sobriété numérique, les clés pour agir. Buchet Chastel. 2019.

2 - Daniel Cohen. Il faut dire que les temps ont changé. Chronique (fiévreuse) d'une mutation qui inquiète. Livre de Poche. 2019.

3 - Institut du Numérique Responsable France. MOOC Numérique responsable. 2020.

4 - Julien Lausson. Infographie : qui de Facebook et du Boeing 787 a le plus de lignes de code ? Numérama.com. 29 octobre 2013.

5 - Verdamano. La pollution numérique, on en parle ? 2015. https://verdamano.com/la-pollution-numerique-on-en-parle/

6 - Magazine Bilan. L'économie digitale est-elle vraiment verte ? n°09. 2020.

7 - Article de presse de La Libération. 24 juin 2020.

8 - Netflix. Série Rotten, épisode Eaux troubles. 2019.

9 - Frédérique Bordage. Empreinte environnementale du numérique. Green IT. 2019.

10 - ADEME. La face cachée du numérique. 2019.

11 - Service de l'énergie de Neuchâtel, Suisse. 2020.

12 - Cleanfox.io. Facebook fait un grand pas pour la planète et s'attaque à la pollution numérique. 2020.

13 - Théophile Laherre. Internet, le plus gros pollueur de la planète. 2020. https://www.fournisseur-energie.com/internet-plus-gros-pollueur-de-planete/

14 - SudOuest.fr. Smartphones, emails, streaming : quel est l'impact environnemental de notre consommation numérique ? 2019. https://www.sudouest.fr/2019/05/17/smartphones-email

15 - Suez, Ouest-France. Parole d'expert, pollution numérique, videz votre boîte email. 2018. https://www.ouest-france.fr/high-tech/parole-d-expert-pollution-numerique-videz-votre-boite-mail-5688794

16 - Wikipedia. Le courriel électronique. Mai 2020. https://fr.wikipedia.org/wiki/Courrier_électronique

17 - LeParisien. Un mail, ça pollue ? 2011. https://www.leparisien.fr/societe/un-mail-ca-pollue-11-07-2011-1528228.php

18 - Arte sur YouTube. Le Dessous des cartes Câbles sous-marins la guerre invisible. 2018.

19 – Wikipedia. 5G. Juillet 2020.

20 - TV5Monde.com. Pollution numérique, comment réduire ses effets au quotidien. Janvier 2020. https://perso.ens-lyon.fr/laurent.lefevre/articles/tv5monde.pdf

21 – Podcast. Your Undivided attention. 2020 et 2021.

22 - Arte sur YouTube. L'urgence de ralentir. 2019.